全国中等职业学校
全 国 技 工 院 校
培养复合型技能人才系列

焊工知识与技能（初级）（第二版）习题册

米光明 主编

中国劳动社会保障出版社

内容简介

本习题册为全国中等职业学校、全国技工院校培养复合型技能人才系列教材《焊工知识与技能（初级）（第二版）》的配套习题册。本习题册紧扣教学要求，按照单元顺序编排，知识点分布均衡，题型丰富多样，难易配置适当，有助于学生复习巩固所学知识。

本习题册由米光明任主编，陈蓉任副主编，魏星、赵阳参加编写。

图书在版编目（CIP）数据

焊工知识与技能（初级）（第二版）习题册 / 米光明主编 . -- 北京：中国劳动社会保障出版社，2020

全国中等职业学校、全国技工院校培养复合型技能人才系列

ISBN 978-7-5167-4749-0

Ⅰ. ①焊··· Ⅱ. ①米··· Ⅲ. ①焊接－中等专业学校－习题集 Ⅳ. ①TG4-44

中国版本图书馆 CIP 数据核字（2020）第 191118 号

中国劳动社会保障出版社出版发行

（北京市惠新东街 1 号 邮政编码：100029）

*

北京昌联印刷有限公司印刷装订 新华书店经销

787 毫米 ×1092 毫米 16 开本 5.75 印张 135 千字

2020 年 11 月第 1 版 2025 年 5 月第 2 次印刷

定价：12.00 元

营销中心电话：400-606-6496

出版社网址：http ：//www.class.com.cn

http ：//jg.class.com.cn

目 录

第一单元　焊接技术概述

一、填空题（将正确答案填写在横线上）

1. 焊接就是通过________或________，或两者并用，并且用或不用____________，使工件达到结合的一种方法。

2. 焊接过程的实质就是通过施加__________，去除阻碍原子键结合的一切表面氧化膜和吸附层杂质，促使分离材料的原子接近，形成________的结合，得到一个优质的焊接接头。

3. 常用的施加外部能量的方法主要有________和________两种。

4. 加热是把材料加热到________状态，或者把材料加热到________状态；加压是使材料产生________流动。

5. 按照焊接过程中金属所处的状态不同，可以把焊接方法分为________、________和________三类。

6. ________是在焊接过程中，将焊件接头加热至熔化状态，不加压力完成焊接的方法。

7. ________是采用比母材熔点低的金属材料作钎料，将焊件和钎料加热到__________熔点且低于母材熔点的温度，利用液态钎料润湿母材，填充接头间隙，并与母材相互扩散实现焊件连接的方法。

8. ________是在焊接过程中，必须对焊件施加压力（加热或不加热），以完成焊接的方法。

9. 焊工职业道德是指从事________职业的人员在完成焊接及有关各项劳动的过程中，从思想到工作行为所必须遵守的________劳动道德规范和行为准则。

10. 在焊接劳动中，焊工遵守职业道德，将有利于推动社会主义__________文明和________文明建设；有利于________行业、企业的建设和发展；有利于个人的提高和发展。

11. 焊接过程中产生的焊接________、有毒气体、________辐射、噪声、高频电磁场和射线等有害因素会伤害焊工的眼睛、皮肤和神经系统。

12. 当通过人体的电流超过________A时，生命就有危险；达到________A时，足以致命。

13. 在光线昏暗的场地或容器内操作或者夜间工作时，使用的工作照明灯的安全电压应不大于________V，高空作业或特别潮湿的场所，其安全电压不超过________V。

14. 凡被化学物质或油脂污染的设备都应________后再进行焊接或切割。

15. 弧光辐射主要包括________、________、________三种辐射。

16．紫外线对眼睛和皮肤有较大的刺激性，它能引起________________。

17．____________是指为保障职工在生产劳动过程中的安全和健康所采取的措施。

18．在焊接生产过程中必须重视焊接劳动保护，使其贯穿于整个________过程中。

19．对于焊工工作条件中的诸多有害因素，主要从________、________和________三个方面进行改观。

20．在焊接过程中，____________和____________是危害焊工健康的主要因素。

21．焊工工作服的种类很多，最常见的是________________工作服。

22．在可能带电的焊接场所工作时，焊工所用防护手套应经耐压________V试验，合格后方能使用。

23．焊工防护鞋的橡胶鞋底经________V耐压试验合格（不击穿）后方能使用。

24．在有积水的地面焊接或切割时，焊工应穿经过________V耐压试验合格的防水橡胶鞋。

25．气焊、气割的防护眼镜主要起________、防止金属飞溅物烫伤眼睛的作用。应根据气焊、气割试件的厚度和火焰的性质选择，工件越厚，火焰的性质越接近氧化焰，护目镜镜片的颜色应越________。

26．国家标准规定工业噪声一般应不超过________dB，最高不能超过________dB。

27．焊接与切割场地车辆通道宽度不小于________m，人行通道宽度不小于________m。

28．焊工作业面积应不小于________m^2。

二、判断题（正确的打“√”，错误的打“×”）

1．随着焊接技术的迅速发展及应用，焊接已经取代铆接，成为金属构件的主要加工方法之一。（　　）

2．焊接仅可以连接金属材料，不能实现某些非金属材料之间或金属材料与非金属材料的永久性连接。（　　）

3．常用的施加外部能量的方法主要有加热和加压两种。（　　）

4．现有焊接方法尽管实现焊接的方式不同，但它们所达到的效果是相同的，即实现原子间的冶金结合。（　　）

5．按照焊接过程中金属所处的状态不同，可以把焊接方法分为熔焊、压焊和钎焊三类。（　　）

6．常见的焊条电弧焊、气焊、电渣焊、埋弧焊、气体保护焊等都属于熔焊。（　　）

7．压焊时，在施加压力的同时，被焊金属接触处可以加热到熔化状态。（　　）

8．与铆接相比，焊接可节约金属材料，减小金属结构质量，接头密封性好，容易实现机械化和自动化。（　　）

9．只要是焊接，就一定会产生焊接应力与变形。（　　）

10．目前，世界各国年平均生产的焊接结构用钢已占钢产量的50%左右。（　　）

11．焊工职业道德是指从事焊工职业的人员在完成焊接及有关各项劳动的过程中，从思想到工作行为所必须遵守的焊接劳动道德规范和行为准则。（　　）

12．当长期在狭小的作业空间里操作而又通风不良时，会使呼吸系统受到伤害。（　　）

13．通过人体的电流大小取决于线路中的电压和人体的电阻。（　　）

14．通过人体的电流大小不同，对人体的伤害轻重程度也不同。当通过人体的电流达到 0.05 A 时，足以致命。 （ ）

15．遇到焊工触电时，应先迅速切断电源，然后迅速赤手去拉触电者。 （ ）

16．在光线昏暗的场地或容器内操作或者夜间工作时，使用的工作照明灯的安全电压应不大于 12 V。 （ ）

17．焊工在拉、合电源开关或接触带电物体时，必须双手进行。 （ ）

18．焊接前要认真检查工作场地周围是否有易燃、易爆物品（如棉纱、涂料、汽油、煤油、木屑等），如有易燃、易爆物品，应将这些物品移至距离焊接工作场地 10 m 以外。 （ ）

19．严禁设备在带压时焊接或切割，带压设备一定要先解除压力（卸压），并且焊割前必须打开所有孔盖。 （ ）

20．焊接场地应有良好的通风，以便及时排出焊接形成的烟尘和有毒气体。 （ ）

21．在容器内或狭小的场地焊接时，应充分注意通风排气工作。应采用氧气通风。 （ ）

22．弧光辐射主要包括可见光、红外线、紫外线三种辐射。 （ ）

23．焊工工作时，穿普通工作服即可防止弧光灼伤皮肤。 （ ）

24．在厂房内和人多的区域进行焊接时，应尽可能地使用弧光防护屏，避免周围的人受弧光伤害。 （ ）

25．在焊接生产过程中必须重视焊接劳动保护，使其贯穿于整个焊接过程中。 （ ）

26．焊条电弧焊产生的烟尘和有害气体都来自焊条的药皮。 （ ）

27．采用低尘、低毒的碱性焊条代替普通焊条，可减少总发尘量和烟尘中致毒物质的含量。 （ ）

28．焊接通风除尘系统就是要将车间内被污染的空气排至室外，从而有效地防止车间内的环境污染。 （ ）

29．焊接与切割作业的工作服可用一般合成纤维织物制作。 （ ）

30．焊工防护手套一般为牛（猪）革制手套或以棉帆布和皮革合成材料制成。 （ ）

31．焊工防护鞋的橡胶鞋底经 3 000 V 耐压试验合格（不击穿）后方能使用。 （ ）

32．焊工所用防护手套应经耐压 5 000 V 试验，合格后方能使用。 （ ）

33．在有积水的地面焊接或切割时，焊工应穿经过 6 000 V 耐压试验合格的防水橡胶鞋。 （ ）

34．在狭窄、密闭、通风不良的场合，应佩戴防尘口罩或防毒面具。 （ ）

35．国家标准规定工业噪声一般应不超过 85 dB，最高不能超过 90 dB。 （ ）

36．采用送风头盔时，应经常使口罩内保持适当的正压。 （ ）

37．焊接与切割场地车辆通道宽度不小于 1.5 m。 （ ）

38．焊接与切割场地周围 5 m 范围内各类可燃、易爆物品应清除干净。 （ ）

39．施焊人员只有熟练操作后方可进行焊、割作业。 （ ）

三、选择题（将正确答案的代号填入括号内）

1．（ ）是永久性连接方式。

A．螺栓连接　　B．键连接　　C．焊接

2．焊条电弧焊属于（　　）。

A．熔焊　　B．压焊　　C．钎焊

3．火焰钎焊属于（　　）。

A．熔焊　　B．压焊　　C．钎焊

4．（　　）属于压焊。

A．焊条电弧焊　　B．点焊　　C．电渣焊

5．（　　）是可拆卸连接方式。

A．焊接　　B．铆接　　C．螺栓连接

6．当通过人体的电流超过（　　）A时，生命就有危险。

A．0.01　　B．0.05　　C．0.1

7．当通过人体的电流达到（　　）A时，就足以致命。

A．0.01　　B．0.05　　C．0.1

8．在光线昏暗的场地或容器内操作或者夜间工作时，使用的工作照明灯的安全电压应不大于（　　）V。

A．12　　B．24　　C．36

9．高空作业或特别潮湿的场所，其安全电压不超过（　　）V。

A．12　　B．24　　C．36

10．焊接前要认真检查工作场地周围是否有易燃、易爆物品（如棉纱、涂料、汽油、煤油、木屑等），如有易燃、易爆物品，应将这些物品移至距离焊接工作场地（　　）m以外。

A．5　　B．10　　C．15

11．眼部受到（　　）辐射，会感到强烈的灼伤和灼痛，发生闪光幻觉。

A．红外线　　B．可见光　　C．紫外线

12．（　　）对眼睛和皮肤有较大的刺激性，它能引起电光性眼炎。

A．红外线　　B．可见光　　C．紫外线

13．焊工工作服的种类很多，最常见的是（　　）工作服。

A．纤维织物　　B．棉质白色帆布　　C．皮革

14．焊工防护鞋的橡胶鞋底经（　　）V耐压试验合格（不击穿）后方能使用。

A．5 000　　B．3 000　　C．6 000

15．焊工所用防护手套应经耐压（　　）V试验，合格后方能使用。

A．5 000　　B．3 000　　C．6 000

16．焊接与切割场地车辆通道宽度不小于（　　）m。

A．3　　B．5　　C．10

17．焊接与切割场地人行通道宽度不小于（　　）m。

A．1　　B．1.5　　C．3

18．焊工作业面积应不小于（　　）m^2。

A．4　　B．5　　C．6

四、名词解释

1．焊接

2．熔焊

3．压焊

4．钎焊

5．焊工职业道德

6．劳动保护

五、问答题

1．在金属结构和机器的制造中，零件的连接方式有哪两种？各有什么特点？

2．常用的施加外部能量的方法有哪些？

3．按照焊接过程中金属所处的状态不同，可以把焊接方法分为哪几类？

4．焊接的特点有哪些？

5．焊工在工作时，为了防止火灾及爆炸事故的发生，必须采取哪些安全措施？

6．焊工应遵守的职业守则内容是什么？

7．焊工焊接时应怎样防止触电事故？

8．焊工的劳动保护用品有哪些？

9．预防有毒气体和烟尘中毒的措施有哪些？

10．预防弧光辐射的安全技术有哪些？

11．加强焊接劳动保护的措施很多，主要应从哪两方面来控制？

第二单元　焊接接头与焊缝符号

一、填空题（将正确答案填写在横线上）

1．用焊接方法连接的接头称为__________，它主要起________和传递力的作用。

2．焊接接头由________、________和__________三部分组成。

3．焊接接头横截面宏观腐蚀所显示的焊缝与母材交接的轮廓线（即焊缝金属与母材的分界线）称为________。

4．熔焊时，熔池液态金属冷却凝固后所形成的结合部分就是________。

5．__________是在焊接或热切割过程中，母材因受热的影响（但未熔化）而发生组织和力学性能变化的区域。

6．________是焊缝与母材（焊接热影响区）交接的过渡区，即熔合线处微观显示的母材半熔化区。

7．根据设计或工艺需要，在焊件的待焊部位加工并装配成的一定几何形状的沟槽叫作________。

8．开坡口的目的是保证电弧能深入焊缝根部使其________，并获得良好的焊缝成形以及便于清渣。

9．常用的坡口形式有________形坡口、________形坡口、________形坡口和________形坡口。

10．两坡口面之间的夹角叫作__________，用α表示；待加工坡口的端面与坡口面之间的夹角叫作______________，用β表示。

11．焊前在接头根部之间预留的空隙叫作__________，用b表示。其作用在于打底焊时保证根部焊透。

12．焊件开坡口时，沿焊件接头坡口根部端面的直边部分叫作________。

13．在J形、U形坡口底部的圆角半径叫作__________，用R表示。

14．焊件上开坡口部分的深度叫作__________，用H表示。

15．对于不能翻转或内径较小的容器，为避免大量的仰焊工作和便于采用单面焊双面成形的工艺方法，宜采用________形或________形坡口。

16．焊接接头的基本形式可分为__________接头、__________接头、__________接头、________接头四种。

17．两焊件表面构成大于或等于135°、小于或等于180°夹角的接头称为________接头。

18．钢板厚度在________mm以下时，一般不开坡口。

19．一个焊件的端面与另一个焊件表面构成直角或近似直角的接头称为__________。

20．两焊件端部构成大于30°、小于135°夹角的接头称为__________。

21．两焊件部分重叠构成的接头称为____________。

22．按施焊时焊缝在空间所处位置分类，焊缝可分为________、________、________、________四种形式。

23．按焊缝断续情况分类，焊缝可分为__________、__________和__________三种形式。

24．焊缝表面与母材的交界处叫作____________。焊缝表面两焊趾之间的距离叫作____________。

25．超出母材表面连线上面的那部分焊缝金属的最大高度叫作________。

26．在焊接接头横截面上，母材或前道焊缝熔化的深度叫作________。

27．在焊缝横截面中，从焊缝正面到焊缝背面的距离叫作__________。

28．在角焊缝的横截面中，从一个直角面上的焊趾到另一个直角面表面的最小距离叫作________________。在角焊缝的横截面中画出的最大等腰直角三角形中直角边的长度叫作____________。

29．熔焊时，在单道焊缝横截面上焊缝宽度（B）与焊缝计算厚度（H）的比值（$\varphi=B/H$）叫作____________________。

30．在图样上标注焊接方法、焊缝形式和焊缝尺寸等技术内容的符号称为___________。

31．焊缝符号由____________、____________、____________、尺寸符号和数据等组成。

32．____________表示焊缝横截面的基本形式或特征。

33．____________用来补充说明有关焊缝或接头的某些特征（如表面形状、衬垫、焊缝分布、施焊地点等）。

34．在标注焊缝符号的指引线上除了标注基本符号、补充符号外，还需要标注焊缝截面尺寸、____________、____________等。

35．在基本符号的右侧无任何尺寸标注且无其他说明时，意味着焊缝在工件的整个长度方向上是________的。

36．在基本符号的左侧无任何尺寸标注且无其他说明时，意味着对接焊缝应____________。

二、判断题（正确的打“√”，错误的打“×”）

1．焊缝是焊件经焊接后所形成的结合部分。（　）

2．热影响区是在焊接或热切割过程中，母材因受热的影响（熔化）而发生组织和力学性能变化的区域。（　）

3．所谓半熔化区，是焊缝边界的固液两相交错共存而又凝固的区域。（　）

4．开坡口的目的是防止烧穿。（　）

5．钝边的作用是防止根部烧穿。（　）

6．有时焊接结构中还有一些特殊的接头形式，如十字接头、端接接头、对接接头、搭接接头等。（　）

7．T形接头是箱体结构中最常见的接头形式，能承受各方向的力和力矩，使用范围仅次于对接接头。（　）

8．搭接接头应力分布不均匀，疲劳强度较低，不是理想的接头形式，但其焊前准备和

装配较简单。（ ）

9．角焊缝即沿两直交或近直交零件的交线所焊接的焊缝。（ ）

10．焊前为装配和固定构件接缝的位置而焊接的短焊缝为定位焊缝。（ ）

11．焊缝的形状可用一系列几何尺寸来表示，不同形式的焊缝，其尺寸却是一样的。（ ）

12．焊缝计算厚度是设计焊缝时使用的焊缝厚度。（ ）

13．在角焊缝的横截面中，从一个直角面上的焊趾到另一个直角面表面的最小距离叫作焊脚尺寸。（ ）

14．焊缝成形系数的大小对焊缝质量有较大影响，成形系数过小，焊缝窄而深，易产生气孔和裂纹。（ ）

15．标注双面焊焊缝或接头时，基本符号可以组合使用。（ ）

16．完整的焊缝符号包括基本符号、指引线、补充符号、尺寸符号和数据等。（ ）

17．指引线由箭头线和一条基准线（实线）组成。（ ）

18．基准线只能与图样的底边相平行，不可与底边相垂直。（ ）

19．在明确焊缝分布位置的情况下，有些双面焊缝也可省略虚线。（ ）

20．焊缝纵向尺寸标注在基本符号的左侧。（ ）

21．焊条电弧焊的焊接方法代号是 111。（ ）

22．二氧化碳气体保护焊的焊接方法代号是 131。（ ）

23．在基本符号的右侧无任何尺寸标注且无其他说明时，意味着焊缝在工件的整个长度方向上是连续的。（ ）

24．焊条电弧焊或没有特殊要求的焊缝可以省略尾部符号和标注。（ ）

三、选择题（将正确答案的代号填入括号内）

1．（ ）是焊件经焊接后所形成的结合部分。

A．焊缝　　B．熔合区　　C．热影响区

2．（ ）是在焊接或热切割过程中，母材因受热的影响（但未熔化）而发生组织和力学性能变化的区域。

A．焊缝　　B．熔合区　　C．热影响区

3．（ ）是焊缝与母材（焊接热影响区）交接的过渡区，即熔合线处微观显示的母材半熔化区。

A．焊缝　　B．熔合区　　C．热影响区

4．焊前在接头根部之间预留的空隙叫作根部间隙，用（ ）表示。

A．b　　B．p　　C．h

5．焊件开坡口时，沿焊件接头坡口根部端面的直边部分叫作钝边，用（ ）表示。

A．b　　B．p　　C．h

6．焊件上开坡口部分的深度叫作坡口深度，用（ ）表示。

A．H　　B．p　　C．h

7．两焊件表面构成大于或等于 135°、小于或等于 180°夹角的接头称为（ ）。

A．对接接头　　B．T 形接头　　C．角接接头

8.（　　）由于其受力状况好，应力集中程度小，材料消耗低等，使其成为各种焊接结构中采用最多的接头形式。

A．对接接头　　B．T 形接头　　C．角接接头

9．一个焊件的端面与另一个焊件表面构成直角或近似直角的接头称为（　　）。

A．对接接头　　B．T 形接头　　C．角接接头

10.（　　）是箱体结构中最常见的接头形式，能承受各方向的力和力矩，使用范围仅次于对接接头。

A．对接接头　　B．T 形接头　　C．角接接头

11．两焊件端部构成大于 30°、小于 135°夹角的接头称为（　　）。

A．对接接头　　B．T 形接头　　C．角接接头

12.（　　）承载能力较差，特别是当接头承受弯曲力时，焊根易出现应力集中而造成根部开裂，故一般用于不重要的焊接结构中。

A．对接接头　　B．T 形接头　　C．角接接头

13．两焊件部分重叠构成的接头称为（　　）。

A．对接接头　　B．T 形接头　　C．搭接接头

14．连续焊接的焊缝为（　　）。

A．连续焊缝　　B．断续焊缝　　C．定位焊缝

15．焊接成具有一定间隔的焊缝为（　　）。

A．连续焊缝　　B．断续焊缝　　C．定位焊缝

16．焊前为装配和固定构件接缝的位置而焊接的短焊缝为（　　）。

A．连续焊缝　　B．断续焊缝　　C．定位焊缝

17．在角焊缝的横截面中，从一个直角面上的焊趾到另一个直角面表面的最小距离叫作（　　）。

A．焊脚尺寸　　B．焊脚　　C．焊缝宽度

18．标注焊缝符号时，应标注在基本符号右侧的是（　　）。

A．α　　B．b　　C．l

19．埋弧焊的焊接方法代号是（　　）。

A．1　　B．21　　C．12

20.（　　）表示焊缝横截面的基本形式或特征。

A．补充符号　　B．基本符号　　C．尺寸符号

21.（　　）用来补充说明有关焊缝或接头的某些特征。

A．补充符号　　B．基本符号　　C．尺寸符号

22．常用焊缝尺寸符号中表示钝边的是（　　）。

A．b　　B．p　　C．α

四、名词解释

1．焊接接头

2．坡口

3．根部间隙

4．钝边

5．对接接头

6．T 形接头

7．搭接接头

8．焊缝宽度

9．焊脚

10．焊缝成形系数

11．焊缝符号

12．基本符号

13．补充符号

五、问答题

1．焊接接头由哪几部分组成？

2．常见的坡口形式有哪些？

3．简述坡口的选择原则。

4．焊接接头的基本形式有哪四种？

5．按施焊时焊缝在空间所处位置分类，焊缝可分为哪几种？

6．简述焊缝成形系数的大小对焊缝质量的影响。

7．焊缝符号由哪几部分组成？

8．简述下列焊缝符号的含义。

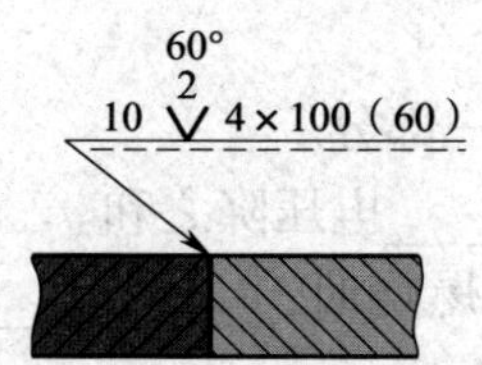

第三单元　焊条电弧焊

一、填空题（将正确答案填写在横线上）

1. ________是用手工操纵焊条进行焊接的电弧焊方法。

2. 由焊接电源供给的，具有一定电压的两电极间或电极与母材间，在气体介质中产生的强烈而持久的________现象称为焊接电弧。

3. ________和________是焊接电弧产生和维持的两个必要条件。

4. 这种使中性的气体分子或原子释放电子形成正离子的过程称为________。

5. 在焊接时，使气体介质电离的方式主要有________、电场作用下的电离和________。

6. 阴极的金属表面连续地向外发射出电子的现象称为________。

7. 焊接时，根据阴极吸收能量的方式不同，所产生的电子发射有________、电场发射和________等。

8. 进行焊条电弧焊时，引燃焊接电弧的过程叫作________。

9. 引弧一般有两种方式，即________引弧和________引弧。

10. 接触引弧分为________法引弧和________法引弧两种。

11. 引弧时，电极与工件之间保持一定间隙，然后在电极和工件之间施以高电压击穿间隙使电弧引燃，这种引弧方式称为________引弧。

12. 焊接电弧按其构造可分为________、________和________三部分。

13. 通常测出的焊接电弧电压就是________、________和________电压降之和。

14. 在电极材料、气体介质和弧长一定的情况下，电弧稳定燃烧时，________与________变化的关系称为电弧静特性。

15. 焊接电弧的________是指电弧保持稳定燃烧（不产生断弧、飘移和偏吹等）的程度。

16. 在焊接过程中，因焊条偏心、气流干扰和磁场的作用，常会使焊接电弧的中心偏离焊条轴线，这种现象称为________。

17. 电弧焊时，焊条（或焊丝）端部在电弧高温作用下熔化成________金属滴，通过电弧空间不断地向熔池中过渡的过程称为________。

18. 熔滴过渡的形式大致可分为________、________和________三种。

19. ________是焊条电弧焊的主要设备，它的作用是为焊接电弧稳定燃烧提供所需要的合适的________和________。

20. 在电弧稳定燃烧状态下，弧焊电源________与________之间的关系称为弧焊电源的外特性。用来表示其关系的曲线称为弧焊电源的________。

21. 弧焊电源的外特性基本上分为下降外特性、________和________三种类型。

22. 弧焊电源接通电网而焊接回路为开路时，弧焊电源输出端电压称为________。

23. 弧焊变压器中"________"表示动铁心系列，"________"表示动圈系列；弧焊整流器中"1"表示动铁心系列，"3"表示动圈系列，"________"表示晶闸管系列，"________"表示逆变系列。

24. ________是指弧焊电源负载时间 t 与整个工作周期 T 的百分比。

25. ________是夹持焊条并传导电流以进行焊接的工具，它既能控制焊条的夹持角度，又能把________传输给焊条。

26. 焊缝检验尺是一种精密量规，用来测量焊件的________、________、错边及焊缝的余高、焊缝宽度和角焊缝焊脚等。

27. ________是焊条电弧焊用的焊接材料。进行焊条电弧焊时，焊条既作为________，又作为________，熔化后与母材熔合形成焊缝。

28. 按焊条药皮熔化后的熔渣特性分类，焊条可分为________和________两大类。

29. 焊条累计烘干次数一般不宜超过________次。

30. ________是指焊接时为保证焊接质量而选定的各项参数的总称。

31. 立焊和横焊时的焊接电流应比平焊时减小________；而仰焊时的焊接电流要比平焊时减小________。

32. 焊接电流的经验公式是________。

33. 焊条电弧焊的电弧电压主要由________来决定。电弧长，电弧电压________；电弧短，电弧电压________。

34. 单位时间内完成的焊缝长度称为________。

35. 一些重要的结构应采用多层焊，每层厚度一般不大于________mm。

36. 硫以________和________夹杂物形式存在于焊缝金属中，会导致高温脆性（又称热脆），产生热裂纹。

37. 熔焊时，被熔化的母材在焊缝金属中所占的百分比称为________。

38. 焊接后，为改善焊接接头的组织和性能或消除残余应力而进行的热处理称为________。

39. ________是在焊缝倾角为0°、焊缝转角为90°的焊接位置上堆敷焊缝的一种操作方法。

40. 焊条电弧焊的运条一般分为三个基本运动：________、沿焊接方向均匀移动、________。

41. 焊缝的收尾方法有________、________、回焊收尾法三种。

二、判断题（正确的打"√"，错误的打"×"）

1. 由焊接电源供给的，具有一定电压的两电极间或电极与母材间，在气体介质中产生的强烈而持久的放电现象称为焊接电弧。 （ ）

2. 气体电离和阴极电子发射是焊接电弧产生和维持的两个必要条件。（ ）

3. 阴极电子发射也与气体电离一样，是电弧产生和维持的重要条件。（ ）

4. 非接触引弧是一种最常用的引弧方式。（ ）

5. 接触引弧方式主要应用于焊条电弧焊、埋弧焊、熔化极气体保护焊等。（ ）

6. 非接触引弧方式常用于焊条电弧焊和手工钨极氩弧焊。（ ）

7. 阳极斑点是电子发射源，也是阳极区温度最高的部分。（ ）

8. 阳极不发射电子，消耗能量少，当阳极与阴极材料相同时，阳极区的温度高于阴极区。（ ）

9. 焊接电弧也相当于一个电阻性负载，但其电阻值不是常数。（ ）

10. 不同的电弧焊方法，在一定的条件下，其静特性只是曲线的某一区域。（ ）

11. 焊条电弧焊、埋弧焊一般工作在静特性的平特性区，即电弧电压只随弧长而变化，与焊接电流关系很小。（ ）

12. 采用直流电源焊接时，电弧燃烧没有采用交流电源稳定。（ ）

13. 焊接电流越大，电弧燃烧越稳定。（ ）

14. 电弧偏吹使电弧燃烧不稳定，飞溅加大，熔滴下落时失去保护而容易产生气孔。（ ）

15. 当在焊件边缘处开始焊接或焊接至焊件端部时，经常会发生磁偏吹。（ ）

16. 熔滴过渡会出现不同的形式，是由于作用于液态金属熔滴上的作用力不同。（ ）

17. 仰焊时，金属熔滴的重力促进熔滴过渡。（ ）

18. 平焊时表面张力对熔滴过渡是有利的。（ ）

19. 仰焊时表面张力对熔滴过渡总是不利的。（ ）

20. 液态金属温度越高，其表面张力越小。（ ）

21. 焊接电流较小时，焊条端部的液态金属主要受到的是表面张力和重力，电磁力影响很小。（ ）

22. 焊条电弧焊时，电磁力是熔滴过渡的主要作用力。（ ）

23. 无论焊缝的空间位置如何，电场力总是有利于熔滴向熔池过渡。（ ）

24. 不论焊缝空间位置如何，气体的吹力均有利于熔滴的过渡。（ ）

25. 当电流较大时，电磁力随之增大，使熔滴细化，过渡频率提高，飞溅减小，电弧较稳定，这种过渡形式称为短路过渡。（ ）

26. 焊条电弧焊时，使用酸性焊条多为短路过渡。（ ）

27. 只要按照正确的焊接工艺进行焊接，焊接后焊件中是不会存在焊接应力与变形的。（ ）

28. 由于焊条电弧焊的焊接过程可连续进行，因此焊接生产效率较高。（ ）

29. 弧焊电源的外特性基本上分为下降外特性、平特性和上升外特性。（ ）

30. 具有下降外特性曲线的电源才能满足焊条电弧焊的要求。（ ）

31. 动特性是衡量弧焊电源质量的主要指标。（ ）

32. 焊条电弧焊焊接电流的调节实质上是调节电源外特性。（ ）

33. ZX5—500 表示逆变式弧焊整流器。（ ）

34. 在额定负载持续率下工作允许使用的最大焊接电流称为最大焊接电流。（ ）

35．BX3—300 型弧焊变压器属于动圈式，是生产中应用最广泛的一种交流焊机。（ ）

36．弧焊整流器是一种将直流电变压、整流转换成交流电的弧焊电源。（ ）

37．晶闸管弧焊整流器具有耗材少、质量轻、节电、动特性及调节性能好等优点，目前已成为一种主要的直流弧焊电源。（ ）

38．滤光黑玻璃起减弱弧光和过滤红外线、紫外线的作用。（ ）

39．进行焊条电弧焊时，焊条既作为电极，又作为填充金属，熔化后与母材熔合形成焊缝。（ ）

40．进行焊条电弧焊时，焊芯金属占整个焊缝金属的 80% ~ 90%。（ ）

41．焊条药皮在焊接过程中起着极为重要的作用，是决定焊缝金属质量的主要因素之一。（ ）

42．按焊条的用途进行分类，焊条可分为酸性焊条和碱性焊条两大类。（ ）

43．焊条药皮熔化后的熔渣主要以碱性氧化物组成的焊条称为酸性焊条。（ ）

44．碱性焊条的力学性能、抗裂纹性能优于酸性焊条，而酸性焊条的工艺性能优于碱性焊条。（ ）

45．碱性焊条使用前须经 75 ~ 150 ℃烘干，保温 1 ~ 2 h。（ ）

46．20 钢抗拉强度在 400 MPa 左右，可以选用 E43 系列的焊条。（ ）

47．国家标准规定，直径不大于 2.5 mm 的焊条，其偏心度应不大于 5%。（ ）

48．一般来说，若焊芯仅有轻微的锈迹，基本上不影响性能。（ ）

49．对于药皮脱落的焊条，可以用来焊接不重要的结构件。（ ）

50．如果烘干温度过低，可以延长烘干时间来确保烘干效果。（ ）

51．碱性焊条的烘干温度应比酸性焊条高，一般为 350 ~ 400 ℃。（ ）

52．焊条累计烘干次数一般不宜超过三次。（ ）

53．正确选择焊接参数是获得质量优良的焊缝和较高的生产效率的关键。（ ）

54．在板厚相同的条件下，焊接平焊缝选用的焊条直径应比其他位置的大一些。（ ）

55．进行多层焊时，为了提高生产效率，打底层焊接可选用直径较大的焊条。（ ）

56．焊接时，焊接电流越大，工作效率就越高。（ ）

57．碱性焊条使用的焊接电流要比酸性焊条大些。（ ）

58．焊接打底层，特别是单面焊双面成形时，为保证背面焊缝质量，常使用较小的焊接电流。（ ）

59．焊接电流过小时，电弧燃烧不稳定，焊条容易粘在焊件上。（ ）

60．焊接电流过大时，焊缝熔敷金属窄而高。（ ）

61．采用直流电源焊接时，电弧稳定，飞溅少，电弧磁偏吹比交流电源影响小。（ ）

62．直流正接是指焊件接电源正极、焊条接电源负极的接线法。（ ）

63．氧在焊缝金属中主要以 FeO 的形式存在。（ ）

64．白点和氢脆使焊缝金属塑性严重下降。（ ）

65．对于淬硬倾向大的材料，在约束应力作用下会产生冷裂纹。（ ）

66．焊接区中的氮主要来自周围空气。（ ）

67．采用直流反接比直流正接可减少焊缝中的含氮量。（ ）

68．硫以 FeS 和 MnS 夹杂物形式存在于焊缝金属中，会导致高温脆性（又称热脆），

产生热裂纹。 ( )

69．磷在奥氏体不锈钢中也会产生低熔点杂质，引起热裂纹。 ( )

70．焊接低碳钢时，要求焊缝力学性能与母材相同，因此要按照等性能原则选配焊接材料。 ( )

71．熔焊时，熔化的熔敷金属在焊缝金属中所占的百分比称为熔合比。 ( )

72．当焊接材料与母材的化学成分基本相同时，熔合比对焊缝和熔合区的性能无明显影响。 ( )

73．在生产中，常常通过调节焊接坡口的大小来控制熔合比。 ( )

74．采用小的焊接电流、较高的电弧电压焊接时，可以获得宽而浅的焊缝。 ( )

75．焊接后，为改善焊接接头的组织和性能或消除残余应力而进行的热处理称为后热。 ( )

76．焊条电弧焊采用的引弧方法有接触引弧法和非接触引弧法两种。 ( )

77．若焊条移动速度太快，则焊道会过高、过宽、外形不整齐，焊接薄板时会发生烧穿现象。 ( )

78．进行平角焊时，由于立板熔化金属有下淌趋势，容易产生咬边缺陷，焊缝分布不均匀，造成焊脚不对称。 ( )

三、选择题（将正确答案的代号填入括号内）

1．气体粒子受热的作用而产生的电离称为（ ）。

A．热电离 B．电场作用下的电离 C．光电离

2．中性粒子在光辐射的作用下产生的电离称为（ ）。

A．热电离 B．电场作用下的电离 C．光电离

3．非接触引弧方式主要应用于（ ）和等离子弧焊。

A．焊条电弧焊 B．钨极氩弧焊 C．埋弧焊

4．接触引弧方式不能应用于（ ）。

A．焊条电弧焊 B．钨极氩弧焊 C．埋弧焊

5．（ ）的任务是向弧柱提供电子流和接收弧柱送来的正离子流。

A．阳极区 B．阴极区 C．弧柱

6．（ ）的长度基本上等于电弧长度。

A．阳极区 B．阴极区 C．弧柱

7．电弧静特性曲线分为三个不同的区间，当电流较小时，电弧静特性处于（ ），即电压随着电流的增大而减小。

A．上升特性区 B．平特性区 C．下降特性区

8．当电流稍大时，电弧静特性处于（ ），即电流变化时电压几乎不变。

A．上升特性区 B．平特性区 C．下降特性区

9．当电流较大时，电弧静特性处于（ ），电压随电流的增大而升高。

A．上升特性区 B．平特性区 C．下降特性区

10．焊条电弧焊、埋弧焊一般工作在静特性的（ ），即电弧电压只随弧长而变化，与焊接电流关系很小。

A．上升特性区　　B．平特性区　　C．下降特性区

11．熔化极氩弧焊、CO_2焊和熔化极活性气体保护焊（MAG焊）基本工作在静特性的（　　）。

A．上升特性区　　B．平特性区　　C．下降特性区

12．当电弧长度增加时，电弧电压升高，电弧静特性曲线的位置（　　）。

A．上升　　B．保持不变　　C．下降

13．造成磁偏吹的原因不包括（　　）。

A．导线接线位置　　B．铁磁物质　　C．焊条偏心

14．在任何焊接位置，都有利于熔滴过渡的作用力不包括（　　）。

A．气体吹力　　B．表面张力　　C．电磁力

15．（　　）时，金属熔滴的重力促进熔滴过渡。

A．平焊　　B．立焊　　C．仰焊

16．当电流较小时，熔滴主要依靠重力的作用克服表面张力的束缚而下落，此时熔滴尺寸较大，呈（　　）过渡。

A．粗滴　　B．短路　　C．细滴

17．当电流较大时，电磁力随之增大，使熔滴细化，过渡频率提高，飞溅减小，电弧较稳定，这种过渡形式称为（　　）过渡。

A．粗滴　　B．短路　　C．细滴

18．焊条电弧焊时，使用酸性焊条多为（　　）过渡。

A．粗滴　　B．短路　　C．细滴

19．由于强烈过热和磁收缩的作用使焊条或焊丝端部的熔滴爆断，直接向熔池过渡的形式称为（　　）过渡。

A．粗滴　　B．短路　　C．细滴

20．熔滴呈细小颗粒并以喷射状态快速通过电弧空间向熔池过渡的形式称为（　　）过渡。

A．滴状　　B．短路　　C．喷射

21．（　　）是焊条电弧焊的主要设备。

A．弧焊电源　　B．焊钳　　C．焊条

22．对于焊条电弧焊来说，弧焊电源必须有（　　）的外特性。

A．上升　　B．平　　C．下降

23．对于下降外特性的弧焊电源，一般要求短路电流为焊接电流的（　　）倍。

A．0.25 ~ 0.5　　B．1.0 ~ 1.5　　C．1.25 ~ 2.0

24．（　　）是衡量弧焊电源质量的主要指标。

A．动特性　　B．静特性　　C．外特性

25．焊条电弧焊焊接电流的调节实质上是调节电源（　　）。

A．动特性　　B．静特性　　C．外特性

26．ZX5—500表示（　　）式弧焊整流器。

A．晶闸管　　B．晶体管　　C．逆变

27．ZX7—400表示（　　）式弧焊整流器。

A．晶闸管　　　　　　　　B．晶体管　　　　　　　　C．逆变

28．BX3—300 表示（　　）式弧焊变压器。

A．动铁心　　　　　　　　B．动圈　　　　　　　　　C．变换抽头

29．电焊机技术标准规定，焊条电弧焊电源的额定负载持续率为（　　）。

A．80%　　　　　　　　　B．100%　　　　　　　　　C．60%

30．BX3—300 型弧焊变压器一次绕组、二次绕组距离增大，漏磁增加，焊接电流就（　　）。

A．增大　　　　　　　　　B．减小　　　　　　　　　C．不变

31．BX1—315 型弧焊变压器的活动铁心由里向外移动而离开固定铁心时，漏磁（　　），则焊接电流增大。

A．增加　　　　　　　　　B．减少　　　　　　　　　C．不变

32．将直流电变换成交流电称为逆变，实现这种变换的装置叫作（　　）。

A．变压器　　　　　　　　B．整流器　　　　　　　　C．逆变器

33．进行焊条电弧焊时，焊芯金属占整个焊缝金属的（　　）。

A．60% ~ 80%　　　　　　B．70% ~ 90%　　　　　　C．50% ~ 70%

34．下列选项中按焊条的用途分类的是（　　）。

A．酸性焊条　　　　　　　B．碱性焊条　　　　　　　C．不锈钢焊条

35．E308—16 是（　　）焊条。

A．铸铁　　　　　　　　　B．碳钢　　　　　　　　　C．不锈钢

36．根据国家标准规定，直径为 3.2 mm 和 4.0 mm 的焊条，其偏心度应不大于（　　）。

A．4%　　　　　　　　　　B．5%　　　　　　　　　　C．7%

37．根据国家标准规定，直径不小于 5 mm 的焊条，其偏心度应不大于（　　）。

A．4%　　　　　　　　　　B．5%　　　　　　　　　　C．7%

38．焊条累计烘干次数一般不宜超过（　　）次。

A．4　　　　　　　　　　 B．5　　　　　　　　　　 C．3

39．短弧即焊接时的弧长为焊条直径的（　　）倍。

A．0.2 ~ 0.5　　　　　　 B．1.0 ~ 2.0　　　　　　 C．0.5 ~ 1.0

40．硫以 FeS 和 MnS 夹杂物形式存在于焊缝金属中，会导致高温脆性（又称热脆），产生（　　）。

A．热裂纹　　　　　　　　B．冷裂纹　　　　　　　　C．中心线裂纹

41．若采用大电流、低电压焊接时，焊缝窄而深，凝固时形成严重的偏析，使焊缝中心性能下降，易产生（　　）。

A．热裂纹　　　　　　　　B．冷裂纹　　　　　　　　C．再热裂纹

四、名词解释

1．焊接电弧

2．气体电离

3．阴极电子发射

4．引弧

5．电弧静特性

6．熔滴过渡

7．ZX5—500

8．ZX7—400

9．H08MnA

10．E4303

11．E308—16

12．直流正接

13．直流反接

14．熔合比

五、问答题

1．焊接电弧产生和维持的必要条件有哪些？

2．焊接时，根据阴极吸收能量的方式不同，所产生的电子发射有哪几类？

3．进行弧焊时，引弧一般有哪几种方式？

4．焊接电弧按其构造可分为哪几部分？

5．焊接电弧偏吹的原因有哪些？

6．防止或减少焊接电弧偏吹的措施有哪些？

7．熔滴过渡的形式大致可分为哪三种？

8．熔滴过渡的作用力有哪些？

9．焊条电弧焊的特点有哪些？

10．焊芯的作用是什么？

11．焊条按用途可分为哪几类？

12．焊条的选用原则是什么？

13．焊条电弧焊的焊接参数主要包括哪些？

14．硫、磷对焊接质量的影响有哪些？

15．焊条电弧焊运条的三个基本运动是什么？

16．焊条电弧焊常用的运条方法有哪些？

17．简述焊条电弧焊的收尾方法。

第四单元　焊接应力与变形、焊接缺欠与检验

一、填空题（将正确答案填写在横线上）

1．物体在受到外力作用发生变形的同时，其内部会出现一种抵抗变形的力，这种力叫作________。单位截面积上所受的内力叫作________。

2．焊接构件由焊接而产生的内应力叫作____________，焊后残留在焊件内的焊接应力叫作____________________。

3．焊件由焊接产生的变形叫作________________________，焊后焊件残留的变形叫作____________________。

4．焊接时局部的不均匀________及________是产生焊接应力和变形的根本原因。

5．按焊接残余变形的特征不同，可将其分为纵向变形、____________、____________、角变形、波浪变形、扭曲变形等。

6．焊接残余变形表现为三种基本尺寸的变化，即垂直于焊缝的____________、平行于焊缝的____________、绕焊缝旋转的____________。

7．根据焊接残余变形对结构和形状的影响，可将焊接残余变形分为______________、____________。

8．焊件焊后产生的纵向变形主要是____________。

9．焊件焊后产生的横向变形主要是____________。焊缝的横向收缩量随板厚的增大而________。

10．焊件焊后向一侧变弯的变形叫作____________，弯曲变形的大小以________进行度量。

11．焊后焊件两侧钢板离开原来位置翘起一个角度的变形叫作________，角变形的大小用________来度量。

12．一般焊后变形随着焊接电流的增大而________，随着焊接速度的加快而________。

13．利用外加刚性约束来减少焊件焊后变形的方法称为________________，其实质是通过____________来提高结构的整体刚度，从而减少焊接变形。

14．________又称强迫冷却法，是将焊接处的热量迅速散发，使焊缝附近金属受热区域大大减小，以达到减小____________的目的。

15．机械矫正法是指利用________的作用使焊件产生与焊接变形相反的____________，并使两者抵消，从而达到消除焊接变形的方法。

16．________________是指用氧乙炔焰或其他气体火焰，以不均匀加热的方式引起结构的某部位变形，来矫正原有的____________________。

17．火焰加热的方式有____________、____________和________________三种。

18. 按引起应力的基本原因分类，焊接残余应力分为__________、__________和__________。

19. 按引起应力的作用方向分类，焊接残余应力分为__________和__________。

20. 按应力在空间的方向分类，焊接残余应力分为__________、__________和__________。

21. 消除焊接残余应力的方法有消除应力热处理、__________、__________、振动时效法等。

22. 焊接过程中在焊接接头产生的__________、________或连接不良的现象称为焊接缺欠。

23. 焊接缺欠的种类很多，按其在焊缝中的位置不同，可分为__________和__________两大类。

24. 由于焊接参数选择不当或操作方法不正确，母材（或前一道熔敷金属）在焊趾处因焊接而产生的不规则缺口称为________。

25. ________是指焊接过程中熔化金属流淌到焊缝之外未熔化的母材上所形成的金属瘤。

26. ________是焊后在焊缝表面或背面形成的低于母材表面的局部低洼部分。

27. ________是指单面熔焊时，由于焊接工艺不当，造成焊缝金属过量而透过背面，使焊缝正面塌陷、背面凸起的现象。________是在焊接过程中，熔化金属自坡口背面流出，形成穿孔的缺欠。

28. 在焊接过程中，焊缝和热影响区金属冷却到固相线附近的高温区产生的裂纹称为________。

29. 焊接接头冷却到较低温度（马氏体转变开始温度）时产生的焊接裂纹属于________。

30. 冷裂纹有__________、__________和__________三种形式。

31. 在焊接应力及其他致脆因素共同作用下，焊接接头局部地区的金属原子结合力遭到破坏而形成的新界面所产生的缝隙称为__________。

32. ________是一种危害性最大的焊接缺欠。

33. 裂纹按其产生的温度和原因不同分为__________、__________、__________等。

34. 一般热裂纹宽度为__________mm，末端略呈圆形。

35. 焊接时，熔池中的气泡在凝固时未能及时逸出而残留下来所形成的空穴叫作________。

36. 产生气孔的气体主要有________、________和__________。

37. ________是指熔焊时焊道与母材之间或焊道与焊道之间未完全熔化结合的部分。

38. 焊接检验的过程由__________、__________和__________三个阶段组成。

39. 焊接检验可分为__________、__________和声发射检验三类。

40. 非破坏性检验包括外观检验、__________、__________和__________。

41. __________是将水、油、气等充入容器内慢慢加压，以检查其泄漏、耐压、破坏等的试验。常用的耐压试验有____________和____________。

42. ____________是指用肉眼或借助于焊缝检验尺、量具或用低倍（5倍）放大镜观察焊件，以发现____________________的方法。

43. ________________是用来检查有无漏水、漏气和渗油、漏油等现象的试验。

44. 密封性试验的方法很多，常用的有________________、____________等。

45. 无损检验是非破坏性检验中一类特殊的检验方式，它是利用渗透（荧光检验、着色检验）、________、________、________等检验方法来发现焊缝表面的细微缺欠及存在于焊缝内部的缺欠。

46. 射线探伤是指利用射线________________和________________________的特性来发现缺欠的检验方法。

47. 按所用射线种类不同，射线探伤分为________________、________________和高能射线探伤。

48. ________________是利用超声波探测焊接接头表面和内部缺欠的检测方法。

49. ____________是指利用在强磁场中，铁磁性材料表面缺欠产生的漏磁场吸附磁粉的现象而进行的无损检验方法。

50. ____________是指利用带有荧光染料（荧光法）或红色染料（着色法）的渗透剂的渗透作用，显示缺欠痕迹的无损检验方法。

51. 破坏性检验包括____________________、____________________和金相检验等。

52. ____________又称冷弯试验，是测定焊接接头塑性的一种试验方法。

53. 压扁试验是测定管子对接接头塑性的试验，有____________________________和____________________两种。

54. 金相检验分为____________________和____________________两大类。

55. 焊缝的化学分析是指检查焊缝金属的____________。

二、判断题（正确的打“√”，错误的打“×”）

1. 应力都是由外力引起的。（ ）

2. 若在外力去除后，物体能恢复到原来的形状和尺寸，这种变形称为塑性变形。（ ）

3. 在焊接过程中，由于焊件经受了不均匀加热，其加热温度为中间高、两边低。（ ）

4. 焊接时局部的不均匀加热及冷却是产生焊接应力和变形的根本原因。（ ）

5. 在焊接过程中，若焊件能自由收缩，则焊后焊接变形较小而焊接应力较大。（ ）

6. 整体变形是引起整个焊接结构的形状和尺寸变化的焊接残余变形。（ ）

7. 板厚相同的情况下，坡口角度越大，横向收缩量也越大。（ ）

8. 失稳波浪变形一般在中、厚板焊接结构中产生。（ ）

9. 刚度越高，结构就越容易变形。（ ）

10. 一般来说，将焊接结构总装后再进行焊接，可以使结构的刚度提高，减少焊后变形。（ ）

11. 线膨胀系数小的金属，其焊后变形大。（ ）

12. 一般焊后变形随着焊接速度的加快而增大，随着焊接电流的增大而减小。（ ）

13．如果直焊缝采用分段跳焊法，焊后变形就会小一些。 （ ）

14．“先总装，后焊接”的工艺措施可以控制结构的焊后变形。 （ ）

15．如果结构中的长焊缝采用连续的直通焊，将会产生较小的变形。 （ ）

16．散热法常用于焊接不锈钢时防止焊接变形，但不适用于具有淬火倾向的钢材；否则在焊接时易产生裂纹。 （ ）

17．选择合理的焊接方法和焊接参数可以减少焊接变形。 （ ）

18．在焊接生产中，机械矫正法应用较广泛。 （ ）

19．机械矫正法不适用于低碳钢等塑性较好的金属材料焊接变形的矫正。 （ ）

20．点状加热矫正常用于矫正厚度较大、刚度较高焊件的弯曲变形。 （ ）

21．焊件中产生的残余应力总是三向应力。 （ ）

22．预热法不适用于易裂材料的焊接。 （ ）

23．锤击多层焊第一层焊缝金属，几乎能使内应力完全消失。 （ ）

24．外部缺欠主要包括气孔、夹渣、未熔合和未焊透。 （ ）

25．脆断部位是从焊接接头中的缺欠开始的。 （ ）

26．焊接结构中危害性最大的缺欠是裂纹和未熔合等。 （ ）

27．咬边减小了母材的有效面积，降低了焊接接头强度。 （ ）

28．焊瘤容易影响焊缝的成形，但不会导致裂纹的产生。 （ ）

29．使用碱性焊条时宜采用长弧焊接，运条方法要正确。 （ ）

30．气孔具有尖锐的缺口和大的长宽比特征。 （ ）

31．产生热裂纹的主要原因有三个方面：钢的淬硬倾向、焊接应力、较多氢的存在和聚集。 （ ）

32．焊接铝、镁等有色金属时，氢气孔主要发生在焊缝表面。 （ ）

33．未熔合直接降低了焊接接头的力学性能，严重的未熔合会使焊接结构无法承载。 （ ）

34．通过焊接检验，提高了产品的生产质量和生产效率，降低了生产成本。 （ ）

35．通常所指的焊接检验主要是指焊接过程中的检验。 （ ）

36．焊前检验的目的是防止缺欠的形成和及时发现缺欠。 （ ）

37．破坏性检验包括外观检验、耐压检验、密封性试验。 （ ）

38．气压试验比水压试验更为灵敏和迅速，且气压试验的危险性比水压试验小。 （ ）

39．常用的气密性检验是将低于容器工作压力的压缩空气压入容器，利用容器内外气体的压力差来检查有无泄漏。 （ ）

40．射线探伤是利用焊缝中的缺欠与正常组织具有不同声阻抗以及声波在不同声阻抗的异质界面会产生反射的原理来发现缺欠的。 （ ）

41．进行磁粉探伤时，必须从两个以上不同的方向进行充磁检验。 （ ）

42．背弯易于发现焊缝根部缺欠，侧弯则能检验焊层与焊件之间的结合强度。 （ ）

43．冲击试验是测定管子对接接头塑性的试验。 （ ）

44．焊接接头的金相检验用来检查焊缝、热影响区和母材的金相组织情况及确定内部缺欠等。 （ ）

45．化学分析的试样从焊缝金属或堆焊层上取得。（　　）

三、选择题（将正确答案的代号填入括号内）

1．若在外力去除后，物体能恢复到原来的形状和尺寸，这种变形称为（　　）。
A．弹性变形　　B．塑性变形　　C．焊接变形

2．若在外力去除后，物体不能恢复到原来的形状和尺寸，这种变形称为（　　）。
A．弹性变形　　B．塑性变形　　C．焊接变形

3．焊件焊后产生的纵向变形主要是（　　）。
A．纵向缩短　　B．横向缩短　　C．弯曲变形

4．焊件焊后产生的横向变形主要是（　　）。
A．纵向缩短　　B．横向缩短　　C．弯曲变形

5．焊件焊后向一侧变弯的变形叫作（　　）。
A．纵向缩短　　B．横向缩短　　C．弯曲变形

6．当在焊件边缘一侧施焊时，纵向收缩将产生（　　）。
A．纵向缩短　　B．横向缩短　　C．弯曲变形

7．焊后焊件两侧钢板离开原来位置翘起一个角度的变形叫作（　　）。
A．角变形　　B．扭曲变形　　C．弯曲变形

8．（　　）是指焊件焊后两端绕中性轴相反方向扭转一定角度。
A．波浪变形　　B．扭曲变形　　C．弯曲变形

9．根据焊件变形规律，预先把焊件人为地制造一个变形，使这个变形与焊接变形的方向相反而数值相等，从而防止产生焊接残余变形的方法称为（　　）。
A．刚性固定法　　B．反变形法　　C．热平衡法

10．利用外加刚性约束来减少焊件焊后变形的方法称为（　　）。
A．刚性固定法　　B．反变形法　　C．热平衡法

11．（　　）又称强迫冷却法，是将焊接处的热量迅速散发，使焊缝附近金属受热区域大大减小，以达到减小焊接变形的目的。
A．刚性固定法　　B．散热法　　C．热平衡法

12．如果在与焊缝对称的位置上用气体火焰同步加热焊件，以减少或防止弯曲变形的方法称为（　　）。
A．刚性固定法　　B．散热法　　C．热平衡法

13．火焰沿着直线方向移动，或者同时在宽度方向上进行横向摆动，形成带状加热，称为（　　）。
A．点状加热矫正　　B．线状加热矫正　　C．三角形加热矫正

14．作用在焊件某一平面内两个互相垂直的方向上的应力称为（　　），又称平面应力。
A．单向应力　　B．双向应力　　C．三向应力

15．在焊件中沿一个方向存在的应力称为（　　），又称线应力。
A．单向应力　　B．双向应力　　C．三向应力

16．作用在焊件内互相垂直的三个方向的应力称为（　　），又称体积应力。

A．单向应力　　B．双向应力　　C．三向应力

17．焊后把焊件总体或局部均匀加热至相变点以下某一温度（一般为 600～650 ℃），保温一定时间，然后均匀缓慢冷却，从而消除焊接残余应力的方法叫作（　　）。

A．温度拉伸法　　B．机械拉伸法　　C．消除应力退火

18．（　　）是利用偏心轮和变速电动机组成的激振器，使焊接结构发生共振，产生循环应力，以降低内应力。

A．温度拉伸法　　B．机械拉伸法　　C．振动时效

19．下列选项中属于焊缝外部缺欠的是（　　）。

A．咬边　　B．内部裂纹　　C．未熔合

20．由于焊接参数选择不当或操作方法不正确，母材（或前一道熔敷金属）在焊趾处因焊接而产生的不规则缺口称为（　　）。

A．咬边　　B．气孔　　C．未熔合

21．（　　）是指焊接过程中熔化金属流淌到焊缝之外未熔化的母材上所形成的金属瘤。

A．咬边　　B．气孔　　C．焊瘤

22．（　　）是在焊接过程中，熔化金属自坡口背面流出，形成穿孔的缺欠。

A．咬边　　B．下塌　　C．烧穿

23．（　　）可看成是焊接拉应力和低熔点共晶两者共同作用而形成的。

A．冷裂纹　　B．热裂纹　　C．再热裂纹

24．一般钢的淬硬倾向越大，焊接应力越大，氢的聚集越多，越易产生（　　）。

A．冷裂纹　　B．热裂纹　　C．再热裂纹

25．（　　）是指熔焊时焊道与母材之间或焊道与焊道之间未完全熔化结合的部分。

A．未焊透　　B．未熔合　　C．夹渣

26．（　　）是焊接时接头根部未完全熔透的现象，对于对接焊缝，也指焊缝厚度未达到设计要求的现象。

A．未焊透　　B．未熔合　　C．夹渣

27．通常所说的焊接检验主要是指（　　）。

A．焊前检验　　B．焊接过程中的检验　　C．焊后成品检验

28．（　　）的目的是通过对焊前准备的检查，预先防止和减少焊接时产生缺欠的可能性。

A．焊前检验　　B．焊接过程中的检验　　C．焊后成品检验

29．（　　）的目的是防止缺欠的形成和及时发现缺欠。

A．焊前检验　　B．焊接过程中的检验　　C．焊后成品检验

30．（　　）的目的是确保产品的焊接质量，以便使其安全服役。

A．焊前检验　　B．焊接过程中的检验　　C．焊后成品检验

31．（　　）是用来检查有无漏水、漏气和渗油、漏油等现象的试验。

A．密封性试验　　B．耐压检验　　C．外观检验

32．（　　）是指利用射线可穿透物质和在物质中具有衰减的特性来发现缺欠的检验方法。

A．射线探伤　　B．超声波探伤　　C．渗透探伤

33．（　　）是利用超声波探测焊接接头表面和内部缺欠的检测方法。

A．射线探伤　　B．超声波探伤　　C．渗透探伤

34．（　　）是指利用带有荧光染料（荧光法）或红色染料（着色法）的渗透剂的渗透作用，显示缺欠痕迹的无损检验方法。

A．射线探伤　　B．超声波探伤　　C．渗透探伤

35．（　　）是指利用在强磁场中，铁磁性材料表面缺欠产生的漏磁场吸附磁粉的现象而进行的无损检验方法。

A．射线探伤　　B．超声波探伤　　C．磁粉探伤

36．（　　）用于测定焊接接头或焊缝金属的抗拉强度、屈服强度、断后伸长率和断面收缩率等力学性能指标。

A．拉伸试验　　B．弯曲试验　　C．压扁试验

37．（　　）又称冷弯试验，是测定焊接接头塑性的一种试验方法。

A．拉伸试验　　B．弯曲试验　　C．压扁试验

38．（　　）是测定管子对接接头塑性的试验。

A．拉伸试验　　B．弯曲试验　　C．压扁试验

39．（　　）用来测定焊接接头和焊缝金属在受冲击载荷时不被破坏的能力（韧性）及脆性转变的温度。

A．冲击试验　　B．弯曲试验　　C．压扁试验

四、名词解释

1．焊接应力

2．焊接变形

3．角变形

4．弯曲变形

5．反变形法

6．双向应力

7．焊接缺欠

8．咬边

9．焊接裂纹

10．热裂纹

11．冷裂纹

12．焊接检验

13．非破坏性检验

14．耐压检验

15．密封性试验

16．射线探伤

17．超声波探伤

18．弯曲试验

19．压扁试验

五、问答题

1．产生焊接应力和变形的根本原因是什么？

2．按焊接残余变形的特征不同可将其分为哪几类？

3．焊接残余变形表现为哪三种基本尺寸的变化？

4．简述控制焊接残余变形的工艺措施。

5．火焰矫正加热的方式有哪几种？

6．焊接残余变形的矫正方法有哪些？

7．控制焊接残余应力的措施有哪些？

8．消除焊接残余应力的方法有哪些？

9．焊接缺欠的危害主要包括哪几个方面？

10．咬边产生的原因和防止措施有哪些？

11．裂纹按其产生的温度和原因不同可分为哪几类？

12．冷裂纹产生的主要原因有哪三个方面？

13．焊接检验的过程由哪几个阶段组成？

14．简述焊接检验的分类。

15．非破坏性检验的方法有哪几种？

16．无损检验的方法有哪几种？

17．破坏性检验的方法有哪几种？

第五单元　气焊、气割与钎焊

一、填空题（将正确答案填写在横线上）

1. 气焊（割）是利用________气体与________气体混合燃烧所释放出的热量进行金属焊接（切割）的一种工艺方法。

2. ________是指利用熔点比母材低的金属作为焊缝的填充材料，把两个焊件在固态下连接起来的一种特殊焊接方法。

3. 气焊是利用____________作热源的一种熔焊方法。常用氧气和乙炔混合燃烧的火焰进行焊接，故又称________焊。

4. 气焊是利用可燃气体和氧气通过________按一定的比例混合，获得所要求的__________和性质的火焰作为热源，熔化____________和填充金属，使其形成牢固的焊接接头。

5. 常用的气焊设备及工具主要有__________、乙炔瓶、液化石油气瓶、氧气减压器、________________、焊炬等。

6. ________是储存和运输氧气的高压容器。瓶体外表漆成淡（酞）蓝色，并标注________色“氧”字样。

7. 使用氧气瓶时，如果按________方向旋转手轮，则开启瓶阀；顺时针旋转手轮，则________瓶阀。

8. 氧气瓶内的氧气不能全部用完，至少要保持____________MPa 的压力。

9. 乙炔瓶是储存及运输乙炔的________容器。瓶体外表漆成____________色，并标注________色“乙炔　不可近火”字样。为使乙炔稳定而安全地储存，瓶内装有浸满________的多孔填料。

10. 瓶内的乙炔不能全部用完，当高压表的读数为零，低压表的读数为____________MPa 时，应立即关闭瓶阀。

11. 工业用液化石油气瓶体漆成________色，并标注________色“液化石油气”字样；民用液化石油气瓶体漆成________色，并标注________“液化石油气”字样。

12. ________又称压力调节器，它是将气瓶内的________气体降为工作时________气体的调节装置。

13. 减压器按用途不同可分为______________、乙炔减压器、______________________等；按构造不同可分为________和双级式两类；按工作原理不同可分为正作用式和____________两类。

14. 减压器接头螺纹与氧气瓶瓶阀连接应达到________圈以上，以防因安装不牢而使高压气体射出伤人。

15. 减压器如果有冻结现象，应用________或水蒸气解冻，绝不允许使用________烘烤。

16．国家标准《气体焊接设备 焊接、切割和类似作业用橡胶软管》（GB/T 2550—2016）规定，氧气胶管的外观为________色，乙炔胶管的外观为__________色，液化石油气胶管的外观为________色。

17．连接于焊炬的胶管长度不能短于________m，但太长会增大气体流动的阻力，一般为________m。

18．机械行业标准《气焊设备 焊接、切割及相关工艺用炬》（JB/T 7947—2017）规定，焊接、切割及相关工艺用炬按用途分为________、________、烤炬和焊割两用炬四种类型，按照结构形式（气体混合方式）分为________和等压式。

19．使用射吸式焊炬前，必须检查其________能力。

20．焊炬按可燃气体与氧气混合的方式不同，可分为________焊炬（又称低压焊炬）和________焊炬两类，现在常用的是________焊炬。

21．气焊的送丝方式有__________和__________两种。

22．气焊所用材料主要指________、气焊熔剂、________和可燃气体等。

23．国家标准《气体保护电弧焊用碳钢、低合金钢焊丝》（GB/T 8110—2008）规定，其焊丝型号由三部分组成：第一部分用字母“ER”表示________；第二部分的两位数字表示____；第三部分为短线后的字母或数字，表示______________。

24．机械行业标准《气焊熔剂》（JB/T 13355—2017）规定，气焊熔剂按用途分为不锈钢及耐热钢气焊熔剂、铸铁气焊熔剂、____________、____________四类。

25．气焊与气割用的工业用氧气一般分为两级：一级纯度氧气含量不低于__________，二级纯度氧气含量不低于________。

26．乙炔与纯铜或银长期接触后生成的________或________是具有爆炸性的化合物。

27．乙炔和氯、次氯酸盐等反应会发生燃烧和爆炸，所以乙炔燃烧时绝对禁止用__________灭火。

28．__________是指焊接时为保证气焊焊接质量而选定的各项参数。

29．焊接开坡口焊件的第一层、第二层焊缝时，应选用较________的焊丝，其他各层焊缝可采用较________的焊丝。

30．焊丝直径还与焊接方向有关，一般________焊法所选用的焊丝要比________焊法粗一些。

31．通常所用的氧乙炔焰可分为________、________和________三种。

32．按照焊炬和焊丝的移动方向不同，气焊方法可分为__________和__________两种。

33．气割是利用气体火焰的热能，将工件切割处预热到________温度后，喷出高速切割氧流，使其________并放出热量，从而实现切割的方法。

34．氧气切割的实质是铁在纯氧中的________过程，而不是________过程。

35．常用的气割设备及工具主要有__________、乙炔瓶、液化石油气瓶、氧气减压器、______________、________等。

36．“G01—30”表示手工操作的可切割最大厚度为________mm的________式割炬。

37．割炬按可燃气体与氧气混合的方式不同可分为________式割炬和________式割炬两种。

38．金属在氧气中的________应低于________，这是氧气切割过程能正常进行的最基本条件。

39．金属在切割氧射流中燃烧应该是________反应。因为放热反应的结果是上层金属燃烧产生很大的热量，对下层金属起着________作用。

40．________是指气割面上切割氧流轨迹的始点与终点在水平方向上的距离。

41．钎焊就是在低于________熔点、高于________熔点的某一温度下加热母材，通过________钎料在母材表面或间隙中润湿、铺展、毛细流动填缝，最终凝固结晶，从而实现结合的一种材料连接方法。

42．根据使用钎料的不同，钎焊一般分为________和________。

43．钎焊焊接材料包括________和________。

44．钎料根据熔点不同可以分为两大类：熔点低于 450 ℃的称为________，熔点高于 450 ℃的称为________。

45．钎焊焊接参数主要包括____________、钎焊保温时间和____________等。

二、判断题（正确的打“√”，错误的打“×”）

1．气焊是利用气体火焰作热源的一种熔焊方法。（ ）

2．气焊火焰可用于钎焊，但不适用于火焰矫正。（ ）

3．氧气瓶是储存和运输氧气的高压容器。（ ）

4．在使用时，氧气瓶应直立放置，只有在特殊情况下才允许平放。（ ）

5．乙炔瓶是储存及运输乙炔的低压容器。（ ）

6．乙炔瓶体外表按国家标准《气瓶颜色标记》（GB/T 7144—2016）漆成白色，并标注大红色“乙炔”字样。（ ）

7．瓶内的乙炔不能全部用完，当高压表的读数为零，低压表的读数为 0.1 ~ 0.3 MPa 时，应立即关闭瓶阀。（ ）

8．工业用液化石油气瓶体漆成银灰色，并标注大红色“液化石油气”字样。（ ）

9．由于液化石油气燃烧时热值较低，因此仅用于低熔点金属的焊接及较薄金属板材的切割。（ ）

10．减压器如果有冻结现象，应用热水或水蒸气解冻，绝不允许使用火焰烘烤。（ ）

11．GB/T 2550—2016 规定，氧气胶管的外观为黑色，乙炔胶管的外观为红色，液化石油气胶管的外观为橙色。（ ）

12．连接于焊炬的胶管长度不能短于 5 m，越长越好。（ ）

13．“H01—6”表示手工操作的可焊接最大厚度为 6 mm 的等压式焊炬。（ ）

14．乙炔瓶必须直立放置，严禁在地面上卧放。（ ）

15．气焊的送丝方式有断续送丝和连续送丝两种。（ ）

16．焊接有色金属（如铜及铜合金、铝及铝合金）、铸铁及不锈钢等材料时，通常必须采用气焊熔剂。（ ）

17．气割时氧气纯度应不低于 99.99%。（ ）

18．乙炔燃烧时可以用四氯化碳灭火。（ ）

19. 液化石油气与乙炔一样，与空气或氧气形成的混合气体具有爆炸性，但它比乙炔安全得多。（ ）

20. 液化石油气用于气割时，金属预热时间稍长，但其切割质量容易保证，切口光洁，不渗碳，质量较好。（ ）

21. 碳化焰适用于黄铜、锰黄铜、镀锌钢板等材料的焊接（气割）。（ ）

22. 中性焰适用于低碳钢、中碳钢、低合金钢、不锈钢、纯铜、锡青铜及灰铸铁等材料的焊接（气割）。（ ）

23. 气体消耗量取决于焊嘴的大小，焊嘴号码越大，火焰能率也越大。（ ）

24. 焊炬倾斜角在焊接过程中是需要不断改变的。（ ）

25. 气焊时，左向焊法适合焊接厚度较大、熔点较高及导热性较好的焊件。（ ）

26. 氧气切割过程是预热—熔化—吹渣过程，其实质是铁在纯氧中的熔化过程。（ ）

27. 目前，气割主要用于各种碳钢和低合金钢的切割。（ ）

28. “G01—30”表示手工操作的可切割最大厚度为 30 mm 的射吸式割炬。（ ）

29. 金属在氧气中的燃点应高于熔点，这是氧气切割过程能正常进行的最基本条件。（ ）

30. 气割低碳钢时，由金属燃烧所产生的热量约占 30%，而由预热火焰所供给的热量仅为 70%。（ ）

31. 钢的气割性能与含碳量有关，钢的含碳量增加，熔点降低，燃点升高，气割性能变差。（ ）

32. 气割的后拖量是可以避免的。（ ）

33. 气割时，预热火焰应采用中性焰或轻微氧化焰，不能使用碳化焰，因为碳化焰会使切口边缘产生增碳现象。（ ）

34. 钎料液相线的温度低于 450 ℃时进行的钎焊称为软钎焊。（ ）

35. 钎焊间隙是指在钎焊温度下待钎焊焊件之间狭窄的间隙。（ ）

36. 钎焊接头预留间隙的大小和均匀程度直接决定接头的致密性和强度。（ ）

三、选择题（将正确答案的代号填入括号内）

1.（ ）是指利用熔点比母材低的金属作为焊缝的填充材料，把两个焊件在固态下连接起来的一种特殊焊接方法。

A．气焊　　B．气割　　C．钎焊

2. 下列选项中不属于气焊设备及工具的是（ ）。

A．氧气瓶　　B．乙炔瓶　　C．割炬

3. 氧气瓶瓶体外表按国家标准《气瓶颜色标记》（GB/T 7144—2016）漆成（ ）色。

A．银灰　　B．淡（酞）蓝　　C．白

4. 乙炔瓶瓶体外表按国家标准《气瓶颜色标记》（GB/T 7144—2016）漆成（ ）色。

A．银灰　　B．淡（酞）蓝　　C．白

5. 工业用液化石油气瓶瓶体外表按国家标准《气瓶颜色标记》（GB/T 7144—2016）漆成（ ）色。

A．银灰　　B．棕　　C．白

6．乙炔瓶瓶体外表按国家标准《气瓶颜色标记》（GB/T 7144—2016）标注大红色"（　　）"字样。

A．乙炔　　B．乙炔　不可近火　　C．不可近火

7．氧气瓶内的氧气不能全部用完，至少要保持（　　）MPa 的压力。

A．0.01 ~ 0.03　　B．0.25 ~ 0.5　　C．0.1 ~ 0.3

8．瓶内的乙炔不能全部用完，当高压表的读数为零，低压表的读数为（　　）MPa 时，应立即关闭瓶阀。

A．0.01 ~ 0.03　　B．0.25 ~ 0.5　　C．0.1 ~ 0.3

9．民用液化石油气瓶瓶体外表按国家标准《气瓶颜色标记》（GB/T 7144—2016）漆成（　　）色。

A．银灰　　B．棕　　C．白

10．国家标准《气体焊接设备　焊接、切割和类似作业用橡胶软管》（GB/T 2550—2016）规定，氧气胶管的外观为（　　）。

A．蓝色　　B．红色　　C．橙色

11．国家标准《气体焊接设备　焊接、切割和类似作业用橡胶软管》（GB/T 2550—2016）规定，乙炔胶管的外观为（　　）。

A．蓝色　　B．红色　　C．橙色

12．国家标准《气体焊接设备　焊接、切割和类似作业用橡胶软管》（GB/T 2550—2016）规定，液化石油气胶管的外观为（　　）。

A．蓝色　　B．红色　　C．橙色

13．连接于焊炬的胶管长度不能短于 5 m，但太长会增大气体流动的阻力，一般为（　　）m。

A．5 ~ 10　　B．10 ~ 20　　C．10 ~ 15

14．下列选项中不属于气焊所用材料的是（　　）。

A．焊丝　　B．埋弧焊用焊剂　　C．助燃气体和可燃气体

15．下列选项中属于助燃气体的是（　　）。

A．氧气　　B．乙炔　　C．液化石油气

16．国家标准《气体保护电弧焊用碳钢、低合金钢焊丝》（GB/T 8110—2008）规定，其焊丝型号由三部分组成：第一部分用字母"ER"表示（　　）。

A．焊丝

B．焊丝熔敷金属抗拉强度最低值

C．化学成分代号

17．气焊与气割用的工业用氧气一般分为两级，一级纯度氧气含量不低于（　　）。

A．98.5%　　B．99.99%　　C．99.2%

18．气焊与气割用的工业用氧气一般分为两级，二级纯度氧气含量不低于（　　）。

A．98.5%　　B．99.99%　　C．99.2%

19．与乙炔接触的器具和设备的制造材料可以是（　　）。

A．银

B．纯铜

C．含铜量不超过 70% 的铜合金

20．(　　)适用于低碳钢、中碳钢、低合金钢、不锈钢、纯铜、锡青铜及灰铸铁等材料的焊接。

A．中性焰　　B．碳化焰　　C．氧化焰

21．(　　)适用于黄铜、锰黄铜、镀锌钢板等材料的焊接。

A．中性焰　　B．碳化焰　　C．氧化焰

22．轻微(　　)适用于高碳钢、铸铁、高速钢、硬质合金、蒙乃尔合金、碳化钨和铝青铜等材料的焊接。

A．中性焰　　B．碳化焰　　C．氧化焰

23．钎料液相线的温度低于 450 ℃时进行的钎焊称为(　　)。

A．硬钎焊　　B．钎焊　　C．软钎焊

24．钎料液相线的温度高于 450 ℃时进行的钎焊称为(　　)。

A．硬钎焊　　B．钎焊　　C．软钎焊

四、名词解释

1．气焊

2．减压器

3．H01—6

4．焊炬

5．ER50—2H5

6．SCu1898—CuSn1

7．ERZNi

8．CJ201

9．气焊参数

10．碳化焰

11．中性焰

12．氧化焰

13．火焰能率

14．气割

15．G01—30

16．后拖量

17．回火

18．钎焊间隙

五、问答题

1．气焊的原理是什么？

2．气焊的特点是什么？

3．常用的气焊设备及工具主要有哪些？

4．简述减压器的分类方法。

5．使用射吸式焊炬前应如何检查其射吸能力？

6．气焊的送丝方式有哪几种？

7．气焊所用材料主要有哪些？

8．气焊参数主要包括哪些？

9．通常所用的氧乙炔焰可分为哪三种？

10．气割的原理是什么？

11．气割过程包括哪三个阶段？

12．常用的气割设备及工具主要有哪些？

13．金属能进行氧气切割需要符合哪些条件？

14．气割参数主要包括哪些？

15．钎焊的原理是什么？

16．钎焊焊接参数主要包括哪些？

第六单元　CO_2焊与MAG焊

一、填空题（将正确答案填写在横线上）

1．气体保护电弧焊是用外加________作为电弧介质并保护________和焊接区的电弧焊，简称气体保护焊。

2．气体保护电弧焊直接依靠从________中连续送出的气流，在电弧周围形成局部的气体保护层，使电极端部、________和熔池金属与周围空气隔绝，以保证焊接过程的稳定性，并获得质量优良的焊缝。

3．气体保护电弧焊按所用的电极材料不同，可分为____________________和____________________。

4．CO_2焊按所用的焊丝直径不同，可分为________CO_2焊及________CO_2焊。

5．CO_2焊按操作方式不同可分为____________和__________。

6．CO_2焊通常的脱氧方法是采用具有足够__________的焊丝。

7．CO_2焊时，熔池表面没有熔渣覆盖，CO_2气流又有冷却作用，因此，结晶较快，容易在焊缝中产生________。

8．CO_2焊可能产生的气孔有____________、________和________三种。

9．CO_2焊时，应保证焊丝中含有足够的脱氧元素________和________，并严格限制焊丝中的________，就可以减小产生CO气孔的可能性。

10．CO_2焊时，为防止产生氢气孔，应尽量减少________的来源，焊前要适当清除焊丝和焊件表面的杂质，并需对________进行提纯与干燥处理。

11．CO_2焊最常产生的是________，而氮主要来自________。

12．CO_2焊熔滴过渡主要有__________和__________两种形式。

13．CO_2焊在采用细焊丝、________和__________焊接时，熔滴呈短路过渡。

14．通常把每一次________和________的时间称为一个周期（T），每秒内的周期数称为__________。

15．CO_2焊在采用粗焊丝、__________和__________时会出现滴状过渡。

16．CO_2焊所用的焊接材料是________和________。

17．CO_2气瓶瓶体外表按国家标准《气瓶颜色标记》（GB/T 7144—2016）漆成________色，并标注________色“液化二氧化碳”字样。

18．焊接用CO_2气体的纯度应大于________，含水量不超过________。

19．CO_2半自动焊在生产中应用较广泛，其设备主要由____________、焊枪及送丝机构、CO_2供气装置、____________等组成。

20．CO_2半自动焊机为等速送丝焊接设备，其送丝方式有________、________和________三种。

21．CO_2 焊焊枪的作用是________、________、________。

22．CO_2 焊焊枪按送丝方式不同可分为________焊枪和________焊枪。

23．CO_2 供气系统由气瓶、________、干燥器、________、流量计和电磁气阀组成。

24．CO_2 焊的主要焊接参数包括焊丝直径、________、________、焊接速度、焊丝伸出长度、________、电源极性、回路电感、装配间隙与坡口尺寸等。

25．焊丝伸出长度取决于焊丝直径，一般约等于焊丝直径的________倍，且不超过________mm。

26．通常在细丝焊接时，CO_2 气体流量为________L/min；粗丝焊接时，CO_2 气体流量为________L/min。

二、判断题（正确的打“√”，错误的打“×”）

1．按所用的电极材料不同，气体保护电弧焊可分为非熔化极气体保护焊和熔化极气体保护焊，其中非熔化极气体保护焊应用最广泛。（　）

2．CO_2 自动焊主要用于不规则或较短焊缝的焊接。（　）

3．CO_2 焊采用的电流密度大，焊丝的熔敷速度快，母材的熔深大。（　）

4．CO_2 焊对油污、锈蚀较敏感，对焊前清理的要求较高。（　）

5．CO_2 焊焊后焊件变形比焊条电弧焊大。（　）

6．CO_2 焊的成本低，仅为焊条电弧焊的 40% ~ 50%。（　）

7．CO_2 焊很难用交流电源焊接及在有风的地方施焊。（　）

8．CO_2 焊可以焊接容易氧化的有色金属材料。（　）

9．CO_2 气体在电弧高温作用下易分解为一氧化碳和氧气，使电弧气氛具有很强的氧化性。（　）

10．CO_2 焊通常的脱氧方法是采用具有足够脱氧元素的焊丝。（　）

11．焊缝金属中产生气孔的根本原因是熔池金属中的气体在冷却结晶过程中来不及逸出造成的。（　）

12．CO_2 焊时，只要焊丝选择适当，产生 CO 气孔的可能性不大。（　）

13．氢气的来源主要是焊丝和焊件表面的铁锈、水分、油污，以及 CO_2 气体中含有的水分。（　）

14．只要熔池金属溶入大量的氢气，就一定形成氢气孔。（　）

15．CO_2 焊时形成氢气孔的可能性较小。（　）

16．CO_2 焊最常产生的是氢气孔。（　）

17．必须加强 CO_2 气流的保护效果，这是防止 CO_2 焊的焊缝中产生气孔的重要途径。（　）

18．CO_2 焊在采用粗焊丝、较大电流和较高电压时，会出现短路过渡。（　）

19．CO_2 焊熔滴过渡主要有短路过渡、滴状过渡和喷射过渡三种形式。（　）

20．CO_2 焊在采用细焊丝、小电流和低电弧电压焊接时，熔滴呈短路过渡。（　）

21．细丝 CO_2 焊滴状过渡时，由于焊接电流较大，电弧穿透力强，母材的焊缝厚度较大，多用于中、厚板的焊接。（　）

22．焊接用的 CO_2 气体一般是将其压缩成液态储存于钢瓶内。（　）

23．CO_2气瓶的容量为 40 L，可装 25 kg 的液态 CO_2，占容积的 80%，满瓶压力为 10 ~ 15 MPa。（　　）

24．CO_2气瓶瓶体外表按国家标准《气瓶颜色标记》（GB/T 7144—2016）漆成铝白色，并标注黑色“二氧化碳”字样。（　　）

25．溶于液态 CO_2 中的水分易蒸发成水汽混入 CO_2 气体中，影响 CO_2 气体的纯度。（　　）

26．焊接用 CO_2 气体的纯度应大于 98.5%。（　　）

27．焊丝表面镀铜的目的仅为防止生锈，有利于保存。（　　）

28．目前常用的 CO_2 焊焊丝有 ER49—1 和 ER50—6 等。（　　）

29．CO_2 焊使用交流电源焊接时，磁偏吹减小，电弧稳定，飞溅较小。（　　）

30．CO_2 半自动焊多采用推拉式送丝。（　　）

31．流量计的作用是控制及测量 CO_2 气体的流量，以形成良好的保护气流。（　　）

32．CO_2 焊控制系统的作用是对供气系统、送丝系统和供电系统实现控制。（　　）

33．当焊接薄板或进行中、厚板的立焊、横焊、仰焊时，多采用直径 1.6 mm 以上的焊丝。（　　）

34．在一定的焊丝直径、焊接电流和电弧电压条件下，随着焊接速度的加快，焊缝宽度和厚度减小。（　　）

35．焊丝伸出长度取决于焊丝直径，一般约等于焊丝直径的 5 倍。（　　）

36．通常在细丝焊接时，CO_2 气体流量为 15 ~ 25 L/min。（　　）

37．CO_2 焊时，为了减小飞溅，保持电弧稳定，一般焊机电源应选用直流反接。（　　）

38．MAG 焊的设备除必须采用电弧电压能无级调节的焊接电源外，焊枪及送丝机构、供气装置、控制系统均与 CO_2 焊的设备相同。（　　）

三、选择题（将正确答案的代号填入括号内）

1．细丝 CO_2 焊是指焊丝直径≤（　　）mm 的 CO_2 焊。

A．0.8　　B．1.0　　C．1.2

2．粗丝 CO_2 焊是指焊丝直径≥（　　）mm 的 CO_2 焊。

A．1.6　　B．1.0　　C．1.2

3．CO_2 焊的成本低，仅为焊条电弧焊的（　　）。

A．20% ~ 30%　　B．30% ~ 40%　　C．40% ~ 50%

4．CO_2 焊最常产生的是（　　）气孔。

A．氢　　B．一氧化碳　　C．氮

5．CO_2 焊较难出现的熔滴过渡形式是（　　）。

A．短路过渡　　B．滴状过渡　　C．喷射过渡

6．CO_2 焊在采用细焊丝、小电流和低电弧电压焊接时，熔滴呈（　　）。

A．短路过渡　　B．滴状过渡　　C．喷射过渡

7．CO_2 焊在采用粗焊丝、较大电流和较高电压时会出现（　　）。

A．短路过渡　　B．滴状过渡　　C．喷射过渡

8．CO_2 气瓶瓶体外表按国家标准《气瓶颜色标记》（GB/T 7144—2016）漆成（　　）色。

A．铝白　　　　　　　　　　B．银灰　　　　　　　　　　C．天蓝

9．焊接用 CO_2 气体的纯度应大于（　　）。

A．99.99%　　　　　　　　B．98.5%　　　　　　　　　C．99.5%

10．通常在细丝焊接时，CO_2 气体流量为（　　）L/min。

A．5 ~ 8　　　　　　　　　B．8 ~ 15　　　　　　　　　C．15 ~ 25

11．通常在粗丝焊接时，CO_2 气体流量为（　　）L/min。

A．5 ~ 8　　　　　　　　　B．8 ~ 15　　　　　　　　　C．15 ~ 25

12．CO_2 气瓶瓶体外表按国家标准《气瓶颜色标记》（GB/T 7144—2016）标注黑色“（　　）”字样。

A．CO_2　　　　　　　　　B．二氧化碳　　　　　　　　C．液化二氧化碳

13．CO_2 气瓶当压力降低到（　　）MPa 时，CO_2 气体中含水量大为增加，不能继续使用。

A．1.25　　　　　　　　　B．0.98　　　　　　　　　C．0.25

14．国家标准《气体保护电弧焊用碳钢、低合金钢焊丝》（GB/T 8110—2008）规定，“ER”表示（　　）。

A．焊丝

B．焊丝熔敷金属的最低抗拉强度

C．焊丝化学成分代号

15．（　　）送丝机构通常只能在距送丝机 2 ~ 4 m 的范围内使用。

A．推丝式　　　　　　　　B．拉丝式　　　　　　　　C．推拉式

16．（　　）送丝机构只适用于细焊丝（直径为 0.5 ~ 0.8 mm）送丝。

A．推丝式　　　　　　　　B．拉丝式　　　　　　　　C．推拉式

17．（　　）送丝机构可使软管加长至 60 m，增加了操作的灵活性。

A．推丝式　　　　　　　　B．拉丝式　　　　　　　　C．推拉式

18．（　　）的作用是将瓶内高压 CO_2 气体调节为低压（工作压力）气体。

A．减压器　　　　　　　　B．流量计　　　　　　　　C．电磁气阀

19．（　　）的作用是控制及测量 CO_2 气体的流量，以形成良好的保护气流。

A．减压器　　　　　　　　B．流量计　　　　　　　　C．电磁气阀

20．（　　）控制 CO_2 气体的接通与关闭。

A．减压器　　　　　　　　B．流量计　　　　　　　　C．电磁气阀

四、名词解释

1．气体保护电弧焊

2．二氧化碳气体保护电弧焊

3．短路频率

4．熔化极活性气体保护焊

5．ER55—B2—Mn

五、问答题

1．气体保护电弧焊的原理是什么？

2．气体保护电弧焊是如何进行分类的？

3．CO_2焊是如何进行分类的？

4．气体保护电弧焊与其他电弧焊方法相比具有哪些特点？

5．CO_2 焊焊缝金属中产生气孔的根本原因是什么？

6．CO_2 焊可能产生的气孔有哪些？

7．CO_2 焊熔滴过渡主要有哪几种形式？

8．CO_2 焊在什么条件下熔滴呈短路过渡？

9．CO_2焊在什么条件下熔滴呈滴状过渡？

10．CO_2焊的送丝方式有哪几种？

11．CO_2供气系统是由什么组成的？

12．CO_2焊的主要焊接参数有哪些？

第七单元　手工钨极氩弧焊

一、填空题（将正确答案填写在横线上）

1. 氩弧焊是使用________作为保护气体的一种气体保护电弧焊方法。

2. 氩弧焊焊接过程基本上是____________和________的简单过程，因此，保护效果好，能获得较为纯净及高质量的焊缝。

3. 氩弧焊根据所用的电极材料不同，可分为________________和____________________。根据采用的电源种类不同，又可分为直流氩弧焊、________________和____________________等。

4. 钨极氩弧焊是使用________或________为电极的氩气保护焊，简称TIG焊。

5. 钨极氩弧焊的焊接材料主要是氩气、________和________。

6. 氩弧焊对氩气的纯度要求很高，按我国现行标准规定，其纯度应达到________%。

7. 氩气瓶瓶体外表按国家标准《气瓶颜色标记》（GB/T 7144—2016）漆成________色，并标注________色“氩”字样。

8. 常用的钨极有________、________和________三种。

9. 使用交流电时，钨极端部应磨成________，以减小极性变化对电极的损耗。

10. 使用直流电时，因多采用直流正接，为使电弧集中燃烧稳定，钨极端部多磨成________。

11. 用小电流施焊时，钨极端部可以磨成________。

12. 进行钨极氩弧焊时，____________仅起保护作用，主要靠焊丝中的____________调整焊缝成分。

13. 根据需要焊接的母材种类，钨极氩弧焊所使用的焊丝有钢焊丝、______________、________等。

14. 钨极氩弧焊按“________”与“________”原则选用焊丝，即选用的焊丝成分应与母材相同或接近。

15. 手工钨极氩弧焊设备包括焊机、焊枪、____________、____________、____________等部分。

16. 由于钨极氩弧焊电弧静特性曲线工作在水平段，因此应选用具有________外特性的电源。

17. ________________是钨极氩弧焊设备的专用引弧装置。

18. 钨极氩弧焊焊枪的作用是夹持电极、________和________________。

19. 氩弧焊焊枪分为________焊枪和________焊枪。

20. 钨极氩弧焊的供气系统由________、________、气体流量计、电磁气阀、气管组成。

21．氩弧焊的焊接程序是＿＿＿＿＿＿→接通电源→引弧→焊接→停电→＿＿＿＿＿＿→焊接结束。

22．手工钨极氩弧焊的主要焊接参数包括电源种类和极性、＿＿＿＿＿＿、钨极直径、电弧电压、＿＿＿＿＿＿、喷嘴直径、氩气流量、喷嘴与焊件间的距离、＿＿＿＿＿＿等。

23．采用直流反接时，焊件是阴极，质量较大的氩正离子流向焊件，撞击金属熔池表面，可将铝、镁等金属表面致密难熔的氧化膜击碎，这种现象称为“＿＿＿＿＿＿”作用。

24．手工钨极氩弧焊送丝方法有＿＿＿＿＿＿和＿＿＿＿＿＿两种。

二、判断题（正确的打“√”，错误的打“×”）

1．几乎所有的金属材料都可以进行氩弧焊。（　）

2．氩弧焊适合各种位置焊接。（　）

3．氩弧焊焊接过程中一般不需要填加焊丝。（　）

4．氩气是无色、无味的惰性气体，不与金属发生化学反应，也不溶于金属。（　）

5．氩弧焊对氩气的纯度要求很高，按我国现行标准规定，其纯度应达到98.5%。（　）

6．氩气的电离能较低，引燃电弧较容易。（　）

7．氩气瓶瓶体外表按国家标准《气瓶颜色标记》（GB/T 7144—2016）漆成银灰色，并标注黑色“氩”字样。（　）

8．常用的钨极有纯钨极（红头）、钍钨极（绿头）和铈钨极（灰头）三种。（　）

9．纯钨极要求焊机空载电压较高，使用交流电时承载电流能力较差，故目前很少采用。（　）

10．钍钨极电子发射率提高，增大了许用电流范围，降低了空载电压，改善引弧和稳弧性能，且没有放射性。（　）

11．铈钨极比钍钨极更容易引弧，烧损率比钍钨极低5% ~ 50%，使用寿命长，放射性极低，是目前推荐使用的电极材料。（　）

12．使用交流电时，钨极端部应磨成圆台形。（　）

13．用小电流施焊时，钨极端部可以磨成圆锥形。（　）

14．进行钨极氩弧焊时，惰性气体仅起保护作用，主要靠焊丝中的合金元素调整焊缝成分。（　）

15．钨极氩弧焊按“等强”与“近性”原则选用焊丝，即选用的焊丝抗拉强度应与母材相同或接近。（　）

16．由于钨极氩弧焊电弧静特性曲线工作在水平段，因此应选用具有陡降外特性的电源。（　）

17．高频振荡器的作用是引弧和稳弧。（　）

18．脉冲稳弧器是施加一个高压脉冲而迅速引弧，并保持电弧连续燃烧，从而起到稳定电弧的作用。（　）

19．气冷式焊枪适用于大电流和自动焊。（　）

20. 氩气减压器用来调节和测量氩气流量的大小。 ( )

21. 钨极氩弧焊可以采用交流或直流两种焊接电源。 ( )

22. 采用直流正接时，由于其具有“阴极破碎”作用，故适用于焊接不锈钢、耐热钢、钛及钛合金、铜及铜合金。 ( )

23. 如果焊接电流超过钨极相应直径的许用电流，钨极端部温度达到或超过钨极的熔点，会出现钨极端部熔化现象，甚至产生夹钨缺陷。 ( )

24. 只有钨极直径与焊接电流选择匹配时，电弧才会稳定燃烧。 ( )

25. 进行氩弧焊时，应在不造成短路的情况下尽量减小电弧长度，一般弧长近似等于钨极直径。 ( )

26. 通常焊枪选定后，喷嘴直径很少改变，而是通过调整氩气流量来加强气体保护效果。 ( )

27. 手工钨极氩弧焊时，喷嘴距焊件间的距离越小越好。 ( )

28. 对接焊时，钨极伸出长度保持在 7 ~ 8 mm。 ( )

29. 左向焊法是指焊枪从右向左移动，电弧指向未焊部分的焊接方法。 ( )

30. 氩弧焊一般均采用右向焊法。 ( )

31. 断续送丝对气体保护层的扰动小，但比较难掌握，当送丝量较大时多采用此法。 ( )

32. 如果中途停顿或焊丝用完再继续焊接时，要用电弧把起焊处的熔池金属重新熔化，形成新的熔池后再加焊丝，并与原焊道重叠 5 mm 左右。 ( )

33. 焊接结束时，如果收弧的方法不正确，在收弧板处容易产生弧坑和弧坑裂纹、气孔、烧穿等缺陷。 ( )

三、选择题（将正确答案的代号填入括号内）

1. 下列焊接方法中，电极不熔化作为填充金属的是（ ）。
A. 焊条电弧焊　　B. CO_2 焊　　C. 钨极氩弧焊

2. 下列焊接方法中，不是明弧焊的是（ ）。
A. 埋弧焊　　B. CO_2 焊　　C. 钨极氩弧焊

3. 下列选项中不能实现机械化和自动化的焊接方法是（ ）。
A. 焊条电弧焊　　B. CO_2 焊　　C. 氩弧焊

4. 按我国现行标准规定，钨极氩弧焊使用的氩气纯度应达到（ ）。
A. 98.5%　　B. 95%　　C. 99.99%

5. 在常用的保护气体中（ ）弧的稳定性最好。
A. 氦　　B. 氮　　C. 氩

6. 氩气瓶瓶体外表按国家标准《气瓶颜色标记》（GB/T 7144—2016）漆成（ ）色。
A. 银灰　　B. 铝白　　C. 天蓝

7. 氩气瓶瓶体外表按国家标准《气瓶颜色标记》（GB/T 7144—2016）标注（ ）色“氩”字样。
A. 深绿　　B. 黑　　C. 红

8.（ ）要求焊机空载电压较高，使用交流电时承载电流能力较差，故目前很少采用。

A．钍钨极　　B．纯钨极　　C．铈钨极

9．(　　)电子发射率提高，增大了许用电流范围，降低了空载电压，改善引弧和稳弧性能，但是具有微量放射性。

A．钍钨极　　B．纯钨极　　C．铈钨极

10．(　　)比钍钨极更容易引弧，烧损率比钍钨极低 5% ~ 50%，使用寿命长，放射性极低，是目前推荐使用的电极材料。

A．钍钨极　　B．纯钨极　　C．铈钨极

11．使用交流电时，钨极端部应磨成(　　)形，以减小极性变化对电极的损耗。

A．圆台　　B．球　　C．圆锥

12．使用直流电时，因多采用直流正接，为使电弧集中燃烧稳定，钨极端部多磨成(　　)形。

A．圆台　　B．球　　C．圆锥

13．用小电流施焊时，钨极端部可以磨成(　　)形。

A．圆台　　B．球　　C．圆锥

14．直流钨极氩弧焊的焊机较为简单，用直流焊接电源附加(　　)即可。

A．消除直流分量装置　　B．脉冲稳弧器　　C．高频振荡器

15．(　　)是钨极氩弧焊设备的专用引弧装置。

A．消除直流分量装置　　B．脉冲稳弧器　　C．高频振荡器

16．(　　)是施加一个高压脉冲而迅速引弧，并保持电弧连续燃烧，从而起到稳定电弧的作用。

A．消除直流分量装置　　B．脉冲稳弧器　　C．高频振荡器

17．钨极氩弧焊焊接铝及铝合金不宜采用的电源种类和极性是(　　)。

A．直流正接　　B．直流反接　　C．交流

18．钨极氩弧焊焊接铜及铜合金不宜采用的电源种类和极性是(　　)。

A．直流正接　　B．直流反接　　C．交流

19．钨极氩弧焊焊接低碳钢、低合金钢不宜采用的电源种类和极性是(　　)。

A．直流正接　　B．直流反接　　C．交流

20．对接焊时，钨极伸出长度保持在(　　)mm。

A．7 ~ 8　　B．8 ~ 10　　C．3 ~ 4

四、名词解释

1．氩弧焊

2．钨极氩弧焊

3．高频振荡器

4．脉冲稳弧器

5．阴极破碎

五、问答题

1．氩弧焊的原理是什么？

2．氩弧焊的特点有哪些？

3．氩弧焊是如何进行分类的？

4．钨极氩弧焊的焊接材料包括哪些？

5. 常用的钨极有哪三种?

6. 简述钨极氩弧焊焊丝的选择原则。

7. 手工钨极氩弧焊设备包括哪些?

8. 简述氩弧焊时控制系统的程序。

9. 手工钨极氩弧焊的主要焊接参数有哪些?

第八单元　碳弧气刨

一、填空题（将正确答案填写在横线上）

1．碳弧气刨是指使用石墨棒或碳棒与工件间产生的＿＿＿＿＿＿将金属熔化，并用＿＿＿＿＿＿将熔化金属吹掉，实现在金属表面加工＿＿＿＿的方法。

2．碳弧气刨采用的设备主要有＿＿＿＿、＿＿＿＿、＿＿＿＿、电缆和气管、空气压缩机等。

3．碳弧气刨对电源的要求是具有＿＿＿＿＿＿＿＿和＿＿＿＿＿＿＿＿。

4．空气压缩机用以提供刨削过程中所需要的压缩空气，压缩空气的压力应为＿＿＿＿MPa。

5．碳弧气刨参数主要包括＿＿＿＿＿、＿＿＿＿＿、＿＿＿＿＿、＿＿＿＿＿、压缩空气压力、电弧长度、碳棒倾角和碳棒伸出长度等。

6．碳弧气刨一般都采用＿＿＿＿＿＿＿＿，因此，极性对不同材料气刨过程的＿＿＿＿＿和＿＿＿＿＿的影响有所不同。

7．刨削速度对刨槽＿＿＿＿、＿＿＿＿＿和＿＿＿＿＿＿＿＿＿＿＿都有一定的影响。

8．碳弧气刨操作过程中容易出现＿＿＿＿、＿＿＿＿、＿＿＿＿等缺陷。

9．碳弧气刨用于铸铁件，主要是切割＿＿＿＿、＿＿＿＿以及加工＿＿＿＿＿＿等。

10．碳弧气刨操作的基本要领是“＿＿＿＿、＿＿＿＿、＿＿＿＿”。

11．低碳钢板U形坡口的碳弧气刨操作步骤是＿＿＿＿、＿＿＿＿、＿＿＿＿、清渣。

12．碳弧气刨枪有＿＿＿＿＿＿和＿＿＿＿＿＿两种。

13．碳弧气刨时的噪声＿＿＿＿，生产效率＿＿＿＿。

14．碳弧气刨一般使用的电流较＿＿＿＿，且连续工作时间较＿＿＿＿，故应选用功率较大的电源。

15．气刨枪是碳弧气刨的主要工具，用以夹持＿＿＿＿＿，传导＿＿＿＿＿，输送＿＿＿＿＿等。

16．侧面送风式碳弧气刨枪是应用＿＿＿＿的一种气刨枪，特点是送风孔开在钳口附近的＿＿＿＿，工作时压缩空气从这里喷出，气流恰好对准碳棒的＿＿＿＿，将熔化的铁液吹走，从而达到刨槽或切割的目的。

17．圆周送风式碳弧气刨枪适合＿＿＿＿操作。

18．碳棒用作碳弧气刨时的电极材料，用于＿＿＿＿＿和＿＿＿＿＿。

19．碳棒根据断面形状分为＿＿＿＿和＿＿＿＿。

20．不锈钢碳弧气刨时采用的电源极性是________。

21．碳弧气刨时，碳棒直径是根据被刨削金属的________来确定的。

22．一般碳棒直径应比刨槽的宽度小___________mm。

23．若刨削速度太快，会造成碳棒与金属相碰，使碳粘在刨槽的顶端，形成所谓“________”的缺陷。

24．刨削速度增大，刨削深度减小，一般刨削速度为___________m/min 较合适。

25．碳弧气刨时，压缩空气的压力高，能迅速吹走液态金属，使碳弧气刨顺利进行，一般压缩空气压力不得低于________MPa。

26．碳弧气刨时，电弧长度一般以___________mm 为宜。

27．碳弧气刨时，电弧太短，容易形成短路，引起“________”缺陷。

28．碳弧气刨广泛应用于___________，清除焊缝缺陷，开焊接________，清理铸件的毛边、浇冒口及缺陷，还可用于切割无法用氧乙炔焰切割的各种金属材料。

29．碳弧气刨时刨削电流与碳棒直径成正比，一般可根据经验公式 $I=$（___________）d 选择刨削电流。

30．碳弧气刨碳棒倾角的大小影响刨槽的深度，倾角增大，槽深增大，碳棒倾角一般为________。

二、判断题（正确的打“√”，错误的打“×”）

1．碳弧气刨具有噪声低、生产效率高的特点。（ ）

2．碳弧气刨在清除焊根及清理铸件缺陷时，不容易观察到缺陷的形状和深度。（ ）

3．碳弧气刨一般使用的电流较大，且连续工作时间较长，故应选用功率较小的电源。（ ）

4．侧面送风式碳弧气刨枪应用范围比较窄。（ ）

5．圆周送风式碳弧气刨枪适合全位置操作。（ ）

6．碳棒用作碳弧气刨时的电极材料，用于传导电流和引燃电弧。（ ）

7．碳棒直径是根据被刨削金属的厚度来确定的。（ ）

8．碳棒倾角一般为 25° ~ 45°。（ ）

9．碳弧气刨是使用石墨棒或碳棒与工件间产生的电弧将金属熔化，并用压缩氧气将熔化金属吹掉，实现在金属表面加工沟槽的方法。（ ）

10．碳弧气刨存在一些缺点，如碳弧气刨过程中产生烟雾、粉尘和较强的弧光辐射等。（ ）

11．碳弧气刨常用来开焊接 V 形坡口。（ ）

12．碳弧气刨采用的设备主要有电源、气刨枪、碳棒、电缆和气管、空气压缩机等。（ ）

13．碳弧气刨对电源的要求是具有陡降的外特性和较好的动特性。（ ）

14．ZX7—500 型弧焊逆变器、ZX5—500 型弧焊整流器不能作为碳弧气刨的电源。（ ）

15．侧面送风式碳弧气刨枪是应用最广泛的一种气刨枪。（ ）

16．空气压缩机用以提供刨削过程中所需要的压缩空气，压缩空气的压力应为 0.5 ~

1 MPa。 ( )

17．碳弧气刨中，为了延长碳棒的使用寿命及提高导电性，常采用镀铜实心碳棒。 ( )

18．碳棒根据断面形状分为圆碳棒和扁碳棒。 ( )

19．圆碳棒用于焊缝的清根、开槽及清除焊接缺陷等。 ( )

20．扁碳棒用于大面积刨槽及清除表面焊瘤。 ( )

21．碳弧气刨一般都采用直流电源。 ( )

22．刨削速度对刨槽尺寸、表面质量和刨削过程的稳定性都有一定的影响。 ( )

23．一般刨削速度为 0.5 ~ 1.2 m/min 较合适。 ( )

24．刨削速度太快，会造成碳棒与金属相碰，使碳粘在刨槽的顶端，形成所谓“夹渣”的缺陷。 ( )

25．碳弧气刨过程中，刨削速度增大，刨削深度减小。 ( )

26．碳弧气刨过程中，压缩空气的压力会直接影响刨削速度和刨槽表面质量。 ( )

27．碳弧气刨过程中，压缩空气的压力高，能迅速吹走液态金属，使碳弧气刨顺利进行，一般压缩空气压力不得低于 2 MPa。 ( )

28．碳弧气刨过程中，电流增大时，压缩空气压力相应降低。 ( )

29．碳弧气刨过程中，电弧过长，会使操作不稳定，甚至熄弧。 ( )

30．碳棒与工件沿刨槽方向的夹角称为碳棒倾角。 ( )

31．碳棒从钳口到电弧端的长度为伸出长度。 ( )

32．碳弧气刨的焊前准备工作包括：清理工件的表面，检查设备的完好性，检查电源的极性，接通电源。 ( )

33．碳弧气刨过程中，碳棒应做横向摆动和前后往复移动。 ( )

34．刨槽后应清除刨槽及其边缘的铁渣、毛刺、氧化皮和铜斑等。 ( )

35．不锈钢的碳弧气刨需要提前预热。 ( )

36．刨削 12CrMo、12CrMoV、15Cr 等合金钢时，要预热到 200 ℃左右才能收到良好的碳弧气刨效果。 ( )

37．碳弧气刨用于铸铁件，主要是切割飞边、毛刺以及加工小尺寸冒口等。 ( )

38．低碳钢板 U 形坡口碳弧气刨操作的基本要领是“准、平、正”。 ( )

三、选择题（将正确答案的代号填入括号内）

1．铜在碳弧气刨时极性选择（ ）。

A．正极性　　B．反极性　　C．正极性或反极性

2．不锈钢在碳弧气刨时极性选择（ ）。

A．正极性　　B．反极性　　C．正极性或反极性

3．铸铁在碳弧气刨时极性选择（ ）。

A．正极性　　B．反极性　　C．正极性或反极性

4．碳棒直径是根据被刨削金属的厚度来确定的，被刨削的金属越厚，碳棒直径（ ）。

A．越大　　B．越小　　C．不变

5. 压缩空气的压力会直接影响刨削速度和刨槽表面质量。常用的压缩空气压力为（　　）MPa。

A. 0.3 ~ 0.4　　B. 0.4 ~ 0.6　　C. 0.7 ~ 0.9

6. 碳弧气刨时，电流增大，压缩空气压力也相应（　　）。

A. 升高　　B. 降低　　C. 不变

7. 碳弧气刨时，电弧长度一般以（　　）mm 为宜。

A. 4 ~ 5　　B. 2 ~ 3　　C. 1 ~ 2

8. 碳棒伸出长度太短会引起操作不方便，一般碳棒伸出长度以（　　）mm 为宜。

A. 80 ~ 100　　B. 110 ~ 130　　C. 130 ~ 150

9. 为了延长碳棒的使用寿命及提高导电性，常采用镀（　　）实心碳棒。

A. 锌　　B. 铜　　C. 镍

10. 碳弧气刨时的噪声________，生产效率________。（　　）

A. 低；高　　B. 高；低　　C. 低；低

11. 碳弧气刨对电源的要求是具有（　　）的外特性和较好的动特性。

A. 平直　　B. 缓降　　C. 陡降

12. 碳弧气刨一般使用的电流较大，且连续工作时间较长，故应选用功率较（　　）的电源。

A. 大　　B. 小　　C. 平稳

13. 碳弧气刨一般都采用（　　）电源。

A. 交流　　B. 直流　　C. 脉冲

14. 碳素钢在碳弧气刨时极性选择（　　）。

A. 正极性　　B. 反极性　　C. 正极性或反极性

15. 铝及铝合金在碳弧气刨时极性选择（　　）。

A. 正极性　　B. 反极性　　C. 正极性或反极性

16. 刨削电流与碳棒直径成正比，一般可根据经验公式 $I=$（　　）d 选择刨削电流。

A. 10 ~ 300　　B. 30 ~ 50　　C. 50 ~ 70

17. 若刨削速度太快，会造成碳棒与金属相碰，使碳粘在刨槽的顶端，形成所谓“（　　）”的缺陷。

A. 黏渣　　B. 夹碳　　C. 铜斑

18. 碳棒直径还与刨槽宽度有关，刨槽越宽，碳棒直径越大，一般碳棒直径应比刨槽的宽度小（　　）mm。

A. 1 ~ 2　　B. 2 ~ 4　　C. 5 ~ 6

19. 碳弧气刨过程中，碳棒倾角的大小影响刨槽的深度，倾角增大，槽深增大，碳棒倾角一般为（　　）。

A. 10° ~ 35°　　B. 25° ~ 45°　　C. 45° ~ 75°

20. 低碳钢板 Q235 U形坡口的碳弧气刨采用（　　）的电源极性。

A. 直流反接　　B. 直流正接　　C. 交流

21. 在进行低碳钢的碳弧气刨过程中，压缩空气（　　）中断。

A. 不允许　　B. 允许　　C. 必须

22．当碳棒端头离刨枪铜头的距离小于（　　）mm 时，应立即调整或更换碳棒，以免烧坏刨枪。

A．30　　B．80　　C．120

23．碳弧气刨结束时，切断电源前，应避免（　　）直接接触工件；否则会烧坏气刨枪。

A．碳棒　　B．刨枪铜头　　C．电缆气管

24．露天作业时，应尽可能（　　）操作，以防止吹散的铁液及熔渣烧坏工作服或将人烧伤。

A．迎风向　　B．顺风向　　C．迎风向或顺风向

25．碳弧气刨是使用石墨棒或碳棒与工件间产生的电弧将金属熔化，并用压缩空气将熔化金属吹掉，实现在金属表面加工（　　）的方法。

A．焊缝　　B．沟槽　　C．孔

26．碳棒用作碳弧气刨时的电极材料，用于（　　）和引燃电弧。

A．制造压缩空气　　B．传导电流　　C．过渡合金元素

27．刨削速度太（　　），会造成碳棒与金属相碰，使碳粘在刨槽的顶端，形成所谓“夹碳”的缺陷。

A．快　　B．慢　　C．快或慢

28．碳弧气刨时，压缩空气的压力根据（　　）决定。

A．电流的大小　　B．碳棒长度　　C．电源极性

29．开始刨削时，碳棒倾角要（　　）。

A．小　　B．大　　C．适中

30．低碳钢碳弧气刨结束时，应先（　　），几秒钟后再关闭压缩空气。只有这样才能将熔化的金属全部吹出刨槽，得到光滑的刨削平面。

A．断弧　　B．关闭电源　　C．清理残渣

31．对于某些强度等级高、对冷裂纹十分敏感的低合金钢厚板，（　　）采用碳弧气刨。

A．必须　　B．不宜　　C．可以

四、名词解释

1．碳弧气刨

2．碳棒

五、问答题

1．碳弧气刨的特点有哪些?

2．简述碳弧气刨的应用范围。

3．碳弧气刨设备包括哪些?

4．碳弧气刨参数有哪些?

第九单元 埋 弧 焊

一、填空题（将正确答案填写在横线上）

1. 埋弧焊是指电弧在颗粒状________层下燃烧的一种焊接方法。

2. 埋弧焊可采用较大的焊接电流，同时因电弧加热集中，使________增加，单丝埋弧焊可一次焊透________mm 以下不开坡口的钢板。

3. 埋弧焊时，因熔池有________和________的保护，使空气中的氮、氧难以侵入，提高了焊缝金属的强度和韧性。

4. 埋弧焊采用颗粒状焊剂进行保护，一般只适用于________或倾斜度不大的位置及________位置焊接。

5. 埋弧焊使用电流较大，电弧的电场强度较高，电流小于________A 时，电弧稳定性较差，因此，不适宜焊接厚度小于________mm 的薄件。

6. 埋弧焊除了主要用于金属结构件的连接外，还可以用来进行金属表面________或________合金层的堆焊。

7. 合理地选择____________，并保证预定的焊接参数在焊接过程中________，是获得优质焊缝的重要条件。

8. 当电弧长度发生变化时，为了恢复弧长，可通过两种方法来实现：一是调节焊丝________；二是调节焊丝________。

9. 焊丝送丝速度是指在单位时间________焊接区的焊丝长度，而焊丝熔化速度是指单位时间内________送入焊接区的焊丝长度。

10. 埋弧焊机按用途可分为____________和____________两种。

11. 埋弧焊机按送丝方式可分为________________埋弧焊机和________________埋弧焊机两种。

12. 埋弧焊机由埋弧焊电源、____________、____________和辅助装备四部分组成。

13. 埋弧焊的焊接材料有________和________，它们的作用相当于焊条电弧焊的焊芯和药皮。

14. 埋弧焊中焊丝既作为导电的________，又作为填充焊缝的________。

15. 埋弧焊使用的焊丝有______________和______________两类，生产中普遍使用的是____________。

16. 国家标准《埋弧焊用非合金钢及细晶粒钢实心焊丝、药芯焊丝和焊丝—焊剂组合分类要求》（GB/T 5293—2018）规定，实心焊丝型号按照化学成分进行划分，其中字母“SU”表示____________________________，“SU”后面的数字或数字与字母的组合表示其____________________。

17．进行埋弧焊时，能够熔化形成________和________，对熔化金属起保护作用并进行复杂的________的颗粒状物质叫作焊剂。

18．焊剂按制造方法不同主要有__________和__________。__________是将原料混合后入炉熔炼，经水冷粒化、烘干而成。__________是在原料中加入黏结剂混合搅拌后烧结而成的。

19．埋弧自动焊的焊接参数主要是指__________、__________、焊接速度、焊丝直径、__________________、焊丝倾角、焊件倾角、装配间隙、坡口角度以及坡口形式等。

20．焊接电流是决定焊缝________的主要因素，而电弧电压则是影响焊缝________的主要因素。

21．一般将导电嘴出口到焊丝端部的长度称为________________。

22．焊丝的倾斜方向分为________和________。

二、判断题（正确的打“√”，错误的打“×”）

1．埋弧焊热影响区的宽度比焊条电弧焊小，有利于减少焊接变形及防止近缝区金属过热。（　　）

2．埋弧焊只适用于平焊或倾斜度不大的位置及角焊位置焊接，不能进行其他位置的焊接。（　　）

3．埋弧焊电流小于 100 A 时，电弧稳定性较好。（　　）

4．埋弧焊适用于焊接直的长焊缝、环形焊缝和形状不规则的焊缝。（　　）

5．埋弧焊主要用于金属结构件的连接，不可用来进行金属表面耐磨或耐腐蚀合金层的堆焊。（　　）

6．自动调节是埋弧焊等自动化电弧焊接方法必须包含的内容。（　　）

7．焊丝送丝速度是指在单位时间送入焊接区的焊丝长度。（　　）

8．焊丝熔化速度是指单位时间内熔化送入焊接区的焊丝长度。（　　）

9．变速送丝式埋弧焊机适用于细焊丝、高电流密度条件下的焊接。（　　）

10．等速送丝式埋弧焊机适用于粗焊丝、低电流密度条件下的焊接。（　　）

11．单丝埋弧焊机主要用于大面积堆焊。（　　）

12．交流埋弧焊电源多用于大电流埋弧焊和采用直流时磁偏吹严重的场合。（　　）

13．埋弧焊的焊接材料有焊丝和焊剂，它们的作用相当于焊条电弧焊的焊芯和药皮。（　　）

14．埋弧焊使用的焊丝有实心焊丝和药芯焊丝两类，生产中普遍使用的是药芯焊丝。（　　）

15．埋弧焊焊丝按照焊丝的成分和用途，可分为非合金钢及细晶粒钢焊丝、热强钢焊丝、不锈钢焊丝和高强钢焊丝四类。（　　）

16．埋弧焊时，一定直径的焊丝，使用的电流有一定范围，使用电流越大，熔敷率越高。（　　）

17．当工件装配不良时，埋弧焊宜选用较粗的焊丝。（　　）

18．烧结焊剂是将原料混合后入炉熔炼，经水冷粒化、烘干而成。（　　）

19．熔炼焊剂是在原料中加入黏结剂混合搅拌后烧结而成的。（　）

20．埋弧焊时，若其他因素不变，焊接电流增大，则电弧吹力增强，焊缝厚度增大。（　）

21．埋弧焊时，随着电弧电压的增大，焊缝宽度显著增大，而焊缝厚度和余高减小。（　）

22．埋弧焊时，电弧电压是决定焊缝厚度的主要因素，而焊接电流则是影响焊缝宽度的主要因素。（　）

23．埋弧焊时，焊接速度对焊缝厚度和焊缝宽度有明显的影响。（　）

24．一般将喷嘴出口到焊丝端部的长度称为焊丝伸出长度。（　）

25．埋弧焊时，当其他焊接工艺条件不变时，焊件装配间隙与坡口角度增大，使焊缝厚度增大，而余高减小，但焊缝厚度加上余高的焊缝总厚度大致保持不变。（　）

三、选择题（将正确答案的代号填入括号内）

1．埋弧焊过程中，焊丝送丝速度在焊接过程中恒定不变，通过改变焊丝熔化速度来消除弧长干扰的等速送丝式焊机型号是（　）型。

A．MZ—1000　　B．MZ1—1000　　C．MZ2—1000

2．埋弧焊过程中，焊丝送丝速度随电弧电压变化，通过改变送丝速度来消除弧长干扰的变速送丝式焊机型号是（　）型。

A．MZ—1000　　B．MZ1—1000　　C．MZ2—1000

3．埋弧焊时，若其他因素不变，焊接电流增大，则电弧吹力增强，焊缝厚度（　）。

A．不变　　B．减小　　C．增大

4．埋弧焊时，随着电弧电压的增大，焊缝宽度显著________，而焊缝厚度和余高________。（　）

A．不变；不变　　B．减小；增大　　C．增大；减小

5．埋弧焊时，焊接电流是决定焊缝（　）的主要因素。

A．厚度　　B．宽度　　C．成分

6．埋弧焊时，电弧电压是影响焊缝（　）的主要因素。

A．厚度　　B．宽度　　C．成分

7．埋弧焊时，当焊接速度增大时，焊缝厚度和焊缝宽度都将（　）。

A．增大　　B．减小　　C．不变

8．埋弧焊时，焊接速度过小，则会形成易裂的“（　）”焊缝或产生烧穿、夹渣、焊缝不规则等缺陷。

A．蘑菇形　　B．螺钉状　　C．喇叭口形

9．焊丝伸出长度随焊丝直径的增大而增大，一般在（　）mm 之间。

A．10 ~ 15　　B．40 ~ 60　　C．15 ~ 40

10．埋弧焊时，无论是上坡焊或下坡焊，焊件的倾斜角 α 都不得超过（　）；否则会破坏焊缝成形，引起焊接缺陷。

A．6°　　B．8°　　C．10°

11．（　）埋弧焊机主要用于大面积堆焊。

A．单丝　　B．多丝　　C．带状电极

12．国家标准《埋弧焊用非合金钢及细晶粒钢实心焊丝、药芯焊丝和焊丝—焊剂组合分类要求》（GB/T 5293—2018）规定，焊丝型号中字母“SU”表示（　　）。

A．埋弧焊实心焊丝　　B．埋弧焊药芯焊丝　　C．化学成分分类

13．根据国家标准《埋弧焊和电渣焊用焊剂》（GB/T 36037—2018）的规定，焊剂型号第一部分表示焊剂适用的焊接方法，其中“S”表示适用于（　　）。

A．埋弧焊　　B．电渣焊　　C．气电立焊

14．根据国家标准《埋弧焊和电渣焊用焊剂》（GB/T 36037—2018）的规定，焊剂型号第一部分表示焊剂适用的焊接方法，其中“ES”表示适用于（　　）。

A．埋弧焊　　B．电渣焊　　C．气电立焊

15．根据国家标准《埋弧焊和电渣焊用焊剂》（GB/T 36037—2018）的规定，焊剂型号第二部分表示焊剂制造方法，其中“F”表示（　　）。

A．烧结焊剂　　B．熔炼焊剂　　C．混合焊剂

16．根据国家标准《埋弧焊和电渣焊用焊剂》（GB/T 36037—2018）的规定，焊剂型号第二部分表示焊剂制造方法，其中“A”表示（　　）。

A．烧结焊剂　　B．熔炼焊剂　　C．混合焊剂

17．根据国家标准《埋弧焊和电渣焊用焊剂》（GB/T 36037—2018）的规定，焊剂型号第二部分表示焊剂制造方法，其中“M”表示（　　）。

A．烧结焊剂　　B．熔炼焊剂　　C．混合焊剂

18．埋弧焊时，在其他因素不变的条件下，增加电弧长度，则（　　）增大。

A．焊接电流　　B．电弧电压　　C．焊缝厚度

四、名词解释

1．埋弧焊

2．焊丝送丝速度

3．焊丝熔化速度

4．SU2M3

5. S55S4AB—SU2M3

6. 焊剂

五、问答题

1. 简述埋弧焊的特点。

2. 简述埋弧焊机的分类方法。

3. 埋弧焊机是由什么组成的?

4．按照焊丝的成分和用途分类，埋弧焊焊丝分为哪几类？

5．埋弧焊焊剂的作用有哪些？

6．埋弧自动焊的焊接参数包括哪些？

第十单元　等离子弧焊与等离子弧切割

一、填空题（将正确答案填写在横线上）

1．一般的焊接电弧未受到外界的压缩，称为____________。

2．如果对自由电弧的弧柱进行强迫“________”，就能获得导电截面较小而能量更加集中，弧柱中的气体几乎达到全部电离状态的电弧，这种电弧称为____________。

3．等离子弧受到以下三种压缩效应：____________________、____________________、________________。

4．根据电源的不同接法，等离子弧可以分为___________、转移弧、________________三种。

5．转移弧和非转移弧同时存在的等离子弧称为________。

6．按焊缝成形原理，等离子弧有两种基本焊接方法，即____________________________和____________________________。

7．当等离子气流量较小、弧柱压缩程度较弱时，等离子弧在焊接过程中只熔透焊件，但不产生小孔效应的熔焊过程称为____________________________。

8．手工等离子弧焊接设备由焊接电源、焊枪、____________、____________和水路系统等部分组成。

9．控制系统的作用是控制焊接设备各部分按照预定的程序_________、_________工作状态。

10．等离子弧焊所采用的气体分为____________和____________。

11．等离子弧焊焊接参数主要有等离子气流量、____________、____________、喷嘴到焊件的距离、保护气流量等。

12．当喷嘴孔径确定后，等离子气流量大小视____________和____________而定。

13．利用等离子弧的热能实现切割的方法称为____________________。

14．根据工作气体不同，等离子弧切割包括氩等离子弧切割、______________________、____________________________等。

15．等离子弧切割设备包括电源、控制箱、水路系统、____________及________等。

16．等离子弧切割金属材料时，可用________、________、氢气、氧气或它们的混合气体作为切割用气体。

17．等离子弧切割参数主要包括切割电流、________________、切割速度、气体流量、________________、喷嘴与工件的距离等。

18．________________是指电极端头至喷嘴内表面的距离。

19．等离子弧是指利用等离子枪将阴极（如钨极）和阳极之间的自由电弧压缩成

________、________、高能量密度和高焰流速度的电弧。

二、判断题（正确的打“√”，错误的打“×”）

1. 利用等离子弧作热源进行焊接与切割的工艺方法称为等离子弧焊与等离子弧切割。（ ）

2. 等离子弧有很强的机械冲刷力。（ ）

3. 非转移弧常用于较厚材料的焊接和切割。（ ）

4. 转移弧可用于中等厚度以上工件的焊接与切割。（ ）

5. 联合型弧的两个电弧分别由两个电源供电。（ ）

6. 联合型弧主要用于微弧等离子弧焊和粉末材料的喷焊。（ ）

7. 等离子弧焊可减小热影响区宽度和焊接变形。（ ）

8. 等离子弧焊可焊接超薄的工件。（ ）

9. 微束等离子弧焊主要用来焊接厚度为 0.01 ~ 2 mm 的薄板和细丝等。（ ）

10. 等离子弧焊一般采用直流反接，焊接镁、铝薄件时可采用直流正接，焊接镁、铝厚件时可采用交流电源。（ ）

11. 与氩弧焊或 CO_2 焊相比，等离子弧焊机的气路系统比较复杂。（ ）

12. 当喷嘴孔径确定后，等离子气流量大小视焊接电流和焊接速度而定。（ ）

13. 电流过小则小孔过大，会使熔池金属下坠，还会引起双弧现象。（ ）

14. 保护气流量与等离子气流量应有一个适当的比例；否则会导致气流紊乱。（ ）

15. 采用转移等离子弧还可以切割各种非金属材料，如耐火砖、混凝土、花岗岩、碳化硅等。（ ）

16. 空气等离子弧切割常用于切割不锈钢、有色金属及其合金。（ ）

17. 如果单纯增大切割速度，则切口变宽，喷嘴烧损会加剧，而且过大的切割速度会产生双弧现象。（ ）

18. 提高切割速度会使切口区域受热减小，切口变窄，甚至不能切透工件。（ ）

三、选择题（将正确答案的代号填入括号内）

1. 小孔型等离子弧焊采用的焊接电流范围为（ ）A，适用于焊接 2 ~ 8 mm 厚的合金钢板材，可以不开坡口和背面不用衬垫进行单面焊双面成形。

A. 100 ~ 300　　B. 80 ~ 100　　C. 100 ~ 150

2. 熔透型等离子弧焊主要用于（ ）单面焊双面成形及厚板的多层焊。

A. 厚板　　B. 薄板　　C. 中、厚板

3. 微束等离子弧焊的焊接电流很小（为 0.2 ~ 30 A），主要用来焊接厚度为（ ）mm 的薄板和细丝等。

A. 1.5 ~ 3　　B. 0.01 ~ 2　　C. 5 ~ 8

4. 产生（ ）的方法是将钨极缩入喷嘴内部，并在水冷喷嘴中通以一定压力和流量的等离子气，强迫电弧通过喷嘴孔道，以形成高温、高能量密度的等离子弧。

A. 自由电弧　　B. 压缩电弧　　C. 普通电弧

5. 转移弧和非转移弧同时存在的等离子弧称为（ ）。

A．自由电弧　　　　　　B．压缩电弧　　　　　　C．联合型弧

6．采用联合型弧等离子弧焊时，主电源加在钨极和工件间产生等离子弧，是主要焊接热源。另一个电源加在钨极和喷嘴间产生小电弧，称为（　　）。

A．维持电弧　　　　　　B．压缩电弧　　　　　　C．自由电弧

7．等离子弧焊时，采用氩气作为等离子气，空载电压应为（　　）V。

A．50 ~ 65　　　　　　B．65 ~ 80　　　　　　C．80 ~ 95

8．当采用氩气和氢气或氩气与其他双原子气体的混合气体作为等离子气时，电源空载电压应为（　　）V。

A．110 ~ 120　　　　　　B．100 ~ 110　　　　　　C．120 ~ 130

9．等离子弧切割，在电极内缩量一定的情况下，用等离子弧切割一般厚度的工件时，喷嘴与工件的距离为（　　）mm。

A．3 ~ 6　　　　　　B．6 ~ 8　　　　　　C．10 ~ 15

10．（　　）主要用于微弧等离子弧焊和粉末材料的喷焊。

A．非转移弧　　　　　　B．转移弧　　　　　　C．联合型弧

11．等离子弧焊焊接不锈钢、合金钢、钛合金、镍合金等采用（　　）。

A．直流反接　　　　　　B．交流　　　　　　C．直流正接

12．等离子弧焊焊接铝、镁薄件时采用（　　）。

A．直流反接　　　　　　B．交流　　　　　　C．直流正接

四、名词解释

1．等离子弧

2．等离子弧焊

3．非转移弧

4．转移弧

5．联合型弧

6．等离子弧切割

五、问答题

1．等离子弧的特点有哪些？

2．根据电源的不同接法，等离子弧可以分为哪几种类型？

3．等离子弧焊焊接参数主要有哪些？

4．等离子弧切割的特点有哪些？

5．等离子弧切割设备有哪些？

6．等离子弧切割参数主要包括哪些？

第十一单元　电　阻　焊

一、填空题（将正确答案填写在横线上）

1．电阻焊是指焊件组合后通过________施加压力，利用________通过接头的接触面及邻近区域产生的电阻热进行焊接的方法。

2．在电阻焊过程中，焊件间接触面上产生的________是电阻焊的主要热源。

3．目前，常用的电阻焊方法主要是________、________、________和对焊。

4．点焊是将焊件装配成____________，并压紧在两电极之间，利用________熔化母材金属，形成焊点的电阻焊方法。

5．按焊件供电方向不同，点焊可分为____________和双面点焊。按一次形成焊点的数目不同，点焊可分为________、________、多点焊。

6．________是将焊件装配成搭接或对接接头并置于两滚轮电极之间，滚轮给焊件加压并转动，连续或断续送电，形成一条____________的电阻焊方法。

7．凸焊是在一焊件的贴合面上预先加工出一个或多个________，使其与另一焊件表面相接触并通电加热，然后________，使这些接触点形成焊点的电阻焊方法。

8．对焊均为________接头，按加压和通电方式不同分为____________和____________。

9．电阻对焊是指将焊件装配成对接接头，使其端面紧密接触，利用电阻热加热至________状态，然后迅速施加________完成焊接的方法。

10．闪光对焊是指将焊件装配成对接接头，接通电源，并使其端面逐渐移近达到________接触，利用电阻热加热这些接触点（产生闪光），使端面金属________，直至端部在一定深度范围内达到预定温度时，迅速施加________完成焊接的方法。

11．缝焊机、凸焊机与点焊机相似，仅是电极不同，凸焊多采用________电极，而缝焊则以旋转的________代替点焊时的圆柱形电极。

12．点焊焊接循环的四个基本阶段是____________、____________、____________和____________。

13．点焊接头形式有____________和____________。

14．________是指焊点（或焊缝）中心至焊件边缘的距离。

15．____________是指点焊时相邻两焊点间的中心距。

16．焊点尺寸包括____________、________和压痕深度。

17．____________是指焊件表面至压痕底部的距离。

18．点焊焊接参数主要包括____________、____________、____________、电极端部形状与尺寸等。

19．电极压力大小将影响焊接区的____________和____________________。

20．闪光对焊分为____________和____________两种。

21．连续闪光对焊过程由________和________两个主要阶段组成。预热闪光对焊只是在闪光阶段前增加了________。

22．闪光对焊的主要焊接参数有伸出长度、________、顶锻电流、________、闪光速度、顶锻留量、顶锻速度、________、夹钳夹持力等。

23．闪光电流取决于工件______和闪光所需要的________。

24．缝焊按其滚轮电极的转动和馈电方式不同，分为________、________和步进缝焊三种形式。

二、判断题（正确的打“√”，错误的打“×”）

1．在电阻焊过程中，焊件间接触面上产生的电阻热是电阻焊的主要热源。（ ）

2．电阻焊非常适用于单件生产。（ ）

3．电阻焊不使用填充材料，焊接时也不需要保护气体，在正常情况下除必要的电力消耗外，几乎没有其他消耗，因此焊接成本较低。（ ）

4．电阻焊劳动条件比较差。（ ）

5．电阻对焊主要适用于紧凑截面的对接接头，特别是薄板类零件的焊接。（ ）

6．点焊是将焊件装配成搭接接头，并压紧在两电极之间，利用电弧热熔化母材金属，形成焊点的电阻焊方法。（ ）

7．单点焊通常用于大批量生产的焊接结构中。（ ）

8．缝焊实际上是点焊的延伸，即用一个圆形的滚盘代替点焊所用的柱状电极。（ ）

9．缝焊一般用于焊接无气密性要求的构件。（ ）

10．凸焊主要用于焊接低碳钢和低合金钢的冲压件。（ ）

11．电阻对焊的焊接过程较简单，接头较光滑，无毛刺，力学性能较高。（ ）

12．闪光对焊是对焊的主要形式，在生产中应用十分广泛。（ ）

13．电阻焊在焊接中需要对工件加压，所以加压机构是点焊机的重要组成部分。（ ）

14．缝焊机、凸焊机与点焊机相似，电极也相同。（ ）

15．搭接宽度一般为边距的3倍。（ ）

16．电阻点焊的焊接电流是决定产热大小的关键因素，将直接影响熔核直径与焊透率。（ ）

17．闪光对焊是对焊的主要形式，在生产中应用广泛。（ ）

18．预热阶段是闪光对焊加热过程的核心。（ ）

19．顶锻阶段是闪光对焊在闪光阶段之前以断续的电流脉冲对工件进行加热的阶段。（ ）

20．连续缝焊时，滚轮电极易发热而磨损，因而很少使用。（ ）

21．缝焊时主要通过焊接时间控制熔核尺寸，通过冷却时间控制重叠量。（ ）

三、选择题（将正确答案的代号填入括号内）

1．在电阻焊过程中，焊件间接触面上产生的（ ）是电阻焊的主要热源。

A．电弧热　　B．电阻热　　C．火焰热量

2．(　　)是将焊件装配成搭接接头，并压紧在两电极之间，利用电阻热熔化母材金属，形成焊点的电阻焊方法。

A．点焊　　B．缝焊　　C．对焊

3．(　　)通常用于大批量生产的焊接结构中。

A．单点焊　　B．双点焊　　C．多点焊

4．(　　)实际上是点焊的延伸，即用一个圆形的滚盘代替点焊所用的柱状电极。

A．点焊　　B．缝焊　　C．对焊

5．(　　)是在一焊件的贴合面上预先加工出一个或多个凸起点，使其与另一焊件表面相接触并通电加热，然后压塌，使这些接触点形成焊点的电阻焊方法。

A．点焊　　B．缝焊　　C．凸焊

6．(　　)是将焊件装配成对接接头，使其端面紧密接触，利用电阻热加热至塑性状态，然后迅速施加顶锻力完成焊接的方法。

A．闪光对焊　　B．电阻对焊　　C．凸焊

7．(　　)是将焊件装配成对接接头，接通电源，并使其端面逐渐移近达到局部接触，利用电阻热加热这些接触点（产生闪光），使端面金属熔化，直至端部在一定深度范围内达到预定温度时，迅速施加顶锻力完成焊接的方法。

A．闪光对焊　　B．电阻对焊　　C．凸焊

8．缝焊机、凸焊机与点焊机相似，仅是电极不同，凸焊多采用(　　)。

A．平面电极　　B．旋转的滚盘　　C．圆柱形电极

9．缝焊机、凸焊机与点焊机相似，仅是电极不同，缝焊多采用(　　)。

A．平面电极　　B．旋转的滚盘　　C．圆柱形电极

10．在点焊焊接循环中，“焊点形成后，电极开始提起，去掉压力，到下一个待焊点压紧焊件的时间”是指(　　)。

A．预压阶段　　B．焊接阶段　　C．休止阶段

11．在点焊焊接循环中，“将待焊的两个焊件搭接在一起，置于上、下铜电极之间，然后施加一定的电极压力，将两个焊件压紧，使焊件间有适当压力”是指(　　)。

A．预压阶段　　B．焊接阶段　　C．休止阶段

12．在点焊焊接循环中，“焊接电流通过工件，由电阻热将两工件接触表面加热到熔化温度，并逐渐向四周扩大形成熔核”是指(　　)。

A．预压阶段　　B．焊接阶段　　C．休止阶段

13．搭接宽度一般为边距的(　　)倍。

A．两　　B．三　　C．五

14．(　　)是闪光对焊在闪光阶段之前以断续的电流脉冲对工件进行加热的阶段。

A．预热阶段　　B．闪光阶段　　C．顶锻阶段

15．(　　)是闪光对焊加热过程的核心。

A．预热阶段　　B．闪光阶段　　C．顶锻阶段

四、名词解释

1．电阻焊

2．点焊

3．缝焊

4．凸焊

5．电阻对焊

6．闪光对焊

7．边距

8．焊点间距

五、问答题

1．电阻焊的特点有哪些？

2．常用的电阻焊方法主要有哪些？

3．点焊焊接循环的四个基本阶段是什么？

4．点焊的焊接参数主要包括哪些？

5．缝焊按其滚轮电极的转动和馈电方式不同，分为哪三种形式？

6．缝焊焊接参数主要包括哪些？

第十二单元　焊接机器人操作与编程

一、填空题（将正确答案填写在横线上）

1．焊接机器人就是在焊接生产领域代替________从事焊接操作的工业机器人，生产中普遍应用的方式主要有________和________两种。

2．一台机器人可以完成包括焊接在内的抓物、________、安装、________、卸料等多种任务。

3．第一代弧焊机器人——________________弧焊机器人已在生产中得到广泛应用。

4．焊接机器人在焊接领域的应用最早是从汽车装配生产线上的____________开始的。

5．机器人是由________控制的、具有高度________的可编程自动化装置。

6．机器人是一个机电一体化的设备，焊接机器人按用途不同分为________机器人和________机器人两类。

7．焊接机器人主要包括________________和________________两部分。

8．机器人系统由________________、机器人控制柜及________组成。

9．________作为机器人焊接生产线及焊接柔性加工单元的重要组成部分，其作用是将被焊工件旋转（平移）到最佳的____________。

10．________是整个机器人系统的神经中枢。

11．____________是焊接机器人完成作业的核心装备。

12．焊接机器人包括机器人操作机、________、控制器、____________、焊接传感器、中央控制计算机和相应的安全设备等。

13．焊接机器人的编程方法主要有____________和____________。

14．________是用于机器人的手持编程器。

15．KUKA 机器人示教器正面面板由________________、3D 鼠标、移动键、倍率按键、____________、工艺键、程序启动键、键盘显示键、____________和急停按钮等组成。

16．KUKA 机器人示教器背面面板由____________、________、USB 接口和型号铭牌等组成。

17．为了说明点的位置、运动的快慢和运动方向等，必须选取________。

18．在机器人控制系统中定义了下列坐标系：WORLD（世界坐标系）、______________________________________、________________________和 TOOL（工具坐标系）。

19．KUKA 机器人有________________、____________、____________三种基本的运动方式。

20．编程指令 ARC ON 包含至引燃位置（= 目标点）的运动以及引燃、____________、____________、焊接速度。

21. 编程指令 ARC OFF 在终端焊口位置（= 目标点）结束__________。

22. 编程指令 ARC SWITCH 用于将一条焊缝分为多个________。

23. 一段式焊缝至少需要 ARC ON 和 ARC OFF 两个焊接指令，而分段式焊缝则需要__________、__________和____________三个焊接指令。

二、判断题（正确的打“√”，错误的打“×”）

1. 第一代弧焊机器人——示教再现型弧焊机器人已在生产中得到广泛应用。（　）

2. 弧焊机器人正在向具有视觉或触觉感知功能的第二代弧焊机器人发展。（　）

3. 点焊机器人在汽车装配生产线上的大量应用大大提高了汽车装配及焊接的生产效率和焊接质量。（　）

4. 机器人电弧焊最大的特点是柔性，即可通过编程随时改变焊接轨迹和焊接顺序。（　）

5. 机器人在一条生产线上不可以混流生产若干种类型的产品。（　）

6. 机器人电弧焊不仅用于汽车制造业，更可以用于涉及电弧焊的其他制造业，如轮船、机车车辆、锅炉、重型机械等的生产中。（　）

7. 机器人在一条生产线上可以混流生产若干种类型的产品，但对于生产量的变动和型号的更改，却不能迅速改进生产线的编组更替。（　）

8. 机器人的作业效率不随操作者变动，可以稳定生产计划，从而提高生产效率。（　）

9. 随着弧焊工艺在各行业的普及，弧焊机器人未来将在通用机械、金属结构等许多行业中得到运用。（　）

10. 焊接机器人主要包括机器人系统、焊接设备和示教器三部分。（　）

11. 机器人要完成焊接作业，必须依赖于控制系统与辅助设备的支持和配合。（　）

12. 变位机是焊接机器人的执行机构，它由驱动器、传动机构、连杆、关节、内部传感器（编码盘）等组成。（　）

13. 控制器的作用是将被焊工件旋转（平移）到最佳的焊接位置。（　）

14. 用于弧焊机器人的焊接电源及送丝设备由于参数选择的需要，必须由机器人控制器直接控制。（　）

15. 焊接机器人的编程方法目前还以离线编程为主。（　）

16. 离线编程是指机器人焊接程序的编制、焊缝轨迹坐标位置的获取以及程序的调试均通过一台计算机独立完成，不需要机器人本身的参与。（　）

17. 操作者可使用示教器通过手动操作、程序编写或参数配置等控制或调整机器人的行走路线、速度变量、旋转度数和焊接姿态等。（　）

18. KUKA 机器人示教器正面面板由确认开关、启动键、USB 接口和型号铭牌等组成。（　）

19. 在机器人的操作、编程与投入运行时坐标系具有重要的意义。（　）

20. 在机器人控制系统中定义了下列坐标系：WORLD（世界坐标系）、ROBROOT（基坐标系）、BASE（机器人足部坐标系）和 TOOL（工具坐标系）。（　）

21．机器人沿最快的轨道将 TCP 引至目标点。一般情况下最快的轨道就是最短的轨道。（　　）

22．运动方式“LIN”表示机器人沿圆形轨道以定义的速度将 TCP 移至目标点。（　　）

23．一条“ARC SWITCH”指令仅指摆动参数。（　　）

24．一段式焊缝至少需要 ARC ON、ARC OFF 和 ARC SWITCH 三个焊接指令。（　　）

三、选择题（将正确答案的代号填入括号内）

1．第（　　）代弧焊机器人是示教再现型弧焊机器人。

A．一　　B．二　　C．三

2．弧焊机器人正在向具有视觉或触觉感知功能的第（　　）代弧焊机器人发展。

A．一　　B．二　　C．三

3．第（　　）代弧焊机器人是具有学习、推理和自动规划功能的智能弧焊机器人。

A．一　　B．二　　C．三

4．焊接机器人在焊接领域的应用最早是从汽车装配生产线上的（　　）开始的。

A．电阻点焊　　B．电弧焊　　C．火焰钎焊

5．（　　）是焊接机器人的执行机构，它由驱动器、传动机构、连杆、关节、内部传感器（编码盘）等组成。

A．机器人操作机　　B．变位机　　C．控制器

6．（　　）作为机器人焊接生产线及焊接柔性加工单元的重要组成部分，其作用是将被焊工件旋转（平移）到最佳的焊接位置。

A．机器人操作机　　B．变位机　　C．控制器

7．（　　）是整个机器人系统的神经中枢。

A．机器人操作机　　B．变位机　　C．控制器

8．（　　）是焊接机器人完成作业的核心装备，由焊钳（点焊机器人）、焊枪（弧焊机器人）、焊接控制器以及水、电、气等辅助部分组成。

A．机器人操作机　　B．变位机　　C．焊接系统

9．KUKA 机器人有三种基本的运动方式，其中 PTP 是指（　　）。

A．点到点　　B．直线　　C．圆弧

10．KUKA 机器人有三种基本的运动方式，其中 LIN 是指（　　）。

A．点到点　　B．直线　　C．圆弧

11．KUKA 机器人有三种基本的运动方式，其中 CIRC 是指（　　）。

A．点到点　　B．直线　　C．圆弧

12．编程指令（　　）包含至引燃位置（= 目标点）的运动以及引燃、焊接、摆动参数、焊接速度。

A．ARC ON　　B．ARC OFF　　C．ARC SWITCH

13．编程指令（　　）在终端焊口位置（= 目标点）结束焊接过程。

A．ARC ON　　B．ARC OFF　　C．ARC SWITCH

14．编程指令（　　）用于将一条焊缝分为多个焊缝段。

A．ARC ON　　B．ARC OFF　　C．ARC SWITCH

四、名词解释

1．焊接机器人

2．示教编程

3．离线编程

4．变位机

5．焊接系统

五、问答题

1．一台焊接机器人可以完成哪些任务？

2．机器人焊接的特点有哪些？

3．焊接机器人按用途分为哪几类？

4．焊接机器人由哪几部分组成？

5．在焊接机器人控制系统中定义了哪些坐标系？

6．KUKA 机器人基本的运动方式有哪几种？